그래도 집밥이 먹고플 때

그래도 집밥이

먹고플 때

매일이
아니어도
요리에
서툴러도

괜찮은
한 끼

젠엔콩 이계정 지음

더난출판

prologue   따뜻하게,

집밥

여러분은 '집밥'이라는 단어를 들으면 어떤 이미지가 떠오르나요? 저는 부엌에서 또각이는 도마 소리, 보글보글 끓는 찌개가 은은히 채우는 맛스러운 내음, 정성스레 차려놓은 각양각색 반찬이 떠오릅니다. 진한 노을이 창으로 들어와 집안을 가득 채우고요. 저는 낮잠을 자다가 그 소리와 냄새, 햇볕 때문에 깨어나서 식탁으로 걸어갑니다. 거기에 차려진 푸짐한 저녁이 제 마음속에 자리 잡은 집밥의 원형인 것 같아요. 아련할 만큼 따뜻하고, 슬퍼질 만큼 맛있었어요.

하지만 평온했던 오후의 집밥은 어느새 제 곁을 떠나고 없더군요. 머나먼 외지에서 보냈던 대학 시절과 작은 방에서 외따로 지내야 했던 서울 생활은 저를 사 먹는 음식과 친해지도록 만들었어요. 힘든 하루를 보내고 집에 오면 반겨주는 건 차가운 공기뿐이던 그 시절, 저는 저란 존재가 조금씩 마모되는 기분을 느꼈죠. 계속 이런 생활을 하다 보면 제 색(色)을 잃어버리고 회색인간이 되어버리는 게 아닐까, 고민하며 매일을 보내곤 했답니다. 이 책에 등장하는 짧은 소설의 주인공 제니와 비슷한 상황이었을지도 몰라요. 그 당시 저도 막연히 요리가 어렵다고 생각했고 남는 재료를 처리하는 데에도 애를 먹었거든요.

하지만 힘든 시절도 결국은 지나가더라고요. 안정을

찾고, 저만의 시간이 생기며 저는 요리를 시작했어요. 처음엔 칼질도 서투르고 방식도 익숙하지 않아 어려웠지만, 하다 보니 자신감이 생기고 실력도 늘더군요. 요리를 하며 제가 느꼈던 어려움과 요리를 통해 얻었던 보람을 많은 분들과 공유하고 싶어 블로그를 시작했고, 그 덕분에 이렇게 책을 낼 수 있는 기회까지 얻게 되었어요. 고생 끝에 낙이 온다는 흔하디 흔한 이야기일지도 모르겠네요.

문득 그런 생각이 들어요. 만약 혼자 지내야 했던 그 시절 제게 집밥이 있었다면, 그 따스한 온기를 지킬 수 있었다면 행복하지 않았을까, 라는 생각이요. 제니가 요리를 하기로 마음먹은 것처럼 집밥이 먹고픈 순간, 집밥을 만들 수 있게끔 용기를 줄 무언가가 있으면 어떨까, 라는 생각이 이 책을 쓰도록 이끌어주었어요.

이 책은 짧은 소설과 레시피로 이루어져 있습니다. 제니가 요리를 배워가는 과정과 제가 개발한 다양한 레시피들이 함께 나와요(허구와 실제의 충돌이라고나 할까요?). 제니를 따라가며 같이 요리를 하는 기분을 만끽하시길 바랍니다.

이 책을 읽어주시는 모든 분들께, 이 책이 집밥이 먹고플 때 여러분을 도와주는 친구처럼 다가갔으면 좋겠어요. 더 나아가 요리를 하는 즐거움을 알고 집밥이 주는 따스함을 향유하셨으면 하는 바람이에요. 그 여정에 조금이라도 보탬이 된다면 참 기쁘겠습니다. 아울러 책이 나오기까지 많은 도움을 주신 학림 님, 용은 님, 미래 님, 다정 님, 순란 님, 한결 님께 이 자리를 빌려 감사 인사를 전합니다.

이 책의 주인공 제니를 소개합니다

스물일곱 살, 사진 편집 에디터. 맛있는 음식을 좋아하지만 하루하루 바쁜 업무 때문에 주로 인스턴트식품을 먹고 지낸다. 회식이나 외식으로 바깥에서 사 먹는 경우도 많다. 덕분에 집밥을 거의 먹지 못한다. 외롭디 외로운 어느 날, 요리를 해보기로 마음먹는다.

contents

Special page 1

Chapter 2. 국을 끓여 볼까

Special page 2

Chapter 3. 반찬을 만들자

Special page 3

Chapter 4. 가끔은 면이 떠올라

Special page 4

간단히 먹고플 땐 - 불 없이 만드는 레시피 ◦ **제 니 이 야 기** --- 252

Chapter 5. 나 만 을 위 한 상 찬

제 니 이 야 기 --- 269

Epilogue

Index

혹시나 싶어 이야기하는 이 책 안내서

◎ 이 책의 레시피는 보통 말하는 1인분 기준으로 정리했어요. 예를 들어 밥 1공기와 면 한 줌, 고기 200g을 기준으로 정리했다는 거 죠. 하지만 사람마다 1인분의 기준이 다르잖아요? 누군가에게는 조금 부족할 수도 있고 누군가에는 1.5인분 이상의 분량이 나올 수 있으므로, 이 책의 레시피에 어느 정도 익숙해지시면 자신의 적량에 따라 분량을 조금씩 조정해서 활용해보세요.

◎ 2인분 이상을 만들 때는 인원 수에 따라 분량을 배로 늘려서 만드시면 된답니다.

◎ 부침이나 튀김 요리를 만들 때 공통적으로 사용하는 식용유! 이에 이 책에서는 재료 소개에 식용유를 따로 넣지 않았으니 참조해주세요. 사실 소금 역시 거의 모든 요리에 들어가는지라 재료 소개에서 뺄까 했었는데요. 가끔은 정확한 소금 계량이 필요한 경우도 있어서 레시피에 넣었어요.

◎ 정말로 혹시나 싶어 말씀드리는 내용인데요. 재료에 물이 표기 된 경우 이는 육수를 내거나 소스를 만들 때 직접적으로 사용 하는 물 분량만 표기한 거예요. 재료를 데치거나 삶는 물은 쓰

고 버리는 거라서 포함시키지 않았으니 참조해주세요.

◎ 이 책의 모든 레시피는 최소한
의 재료로 맛을 낼 수 있게 해준

답니다! 사실 다양한 재료를 넣
을수록 맛은 더 좋아지게 마련
이에요. 하지만 모든 재료를 다
갖춰야 요리를 할 수 있다는 거

정과 부담을 내려놓는 데에 도움이 되고자. 이 책에서는 정말
최소한의 재료를 구별해서 표기했어요. 색깔 글씨로 표시된 재
료가 바로 '있으면 좋지만 없어도 무방한 재료'이니 상황에 따
라 활용하세요.

◎ 책 마지막에는 인덱스가 있습니
다. 요리를 만드는 시간과 주재

료에 따라 정리를 해뒀으니 장
볼 재료를 체크하고 무슨 요리
를 만들지 정할 때 활용하시면
좋아요.

Chapter 0.

집밥을 위해 그래도

필요한 것들

제 니

이 야 기

따르르릉.

알람이 울리면 눈을 뜬다. 헝클어진 머리를 정리하고 세수를 대충 마친다. 화장이야, 뭐 지하철에서 하면 되겠지. 출근길은 언제나 고되다. 대체 이 많은 사람들은 어디서 오는 걸까.

회사에 도착해 컴퓨터 앞에 앉아 텅 빈 검은 화면을 바라보니 화장조차 하지 않은 수척한 얼굴이 보여 서둘러 컴퓨터를 킨다. 컴퓨터 화면엔 화려하고 예쁘게 차려진 사진이 가득하다. 손으로 빚은 만두를 넣은 뽀얀 만둣국, 자메이칸 소스를 끼얹은 통닭다리 구이, 두툼한 고기에서 육즙이 흘러나오는 뉴욕 스테이크…. 내 직업은 예쁜 요리를 더 예쁘게 꾸미는 사진 편집 에디터이다. 정작 내 스스로를 가꿀 시간은 부족하지만.

퇴근길 역시 언제나 힘들다. 수많은 사람들이 갈 길을 찾아 어디론가 가고 있다. 딱딱하게 굳은 표정을 보며 안쓰러운 마음이 들지만 차창에 비친 내 모습도 다를 바 없다. 집에 도착하니 눅눅하고 답답한 공기가 나를 반긴다. 텅 빈 집. 집에는 아무도 없다. 옷장에선 나프탈렌 냄새가 강하게 난다. 소파에 눕자 나도 모르게 한숨이 길게 나온다. 뭐 하지? 예능이라도 틀어볼까. 그조차도 귀찮다. 그저 누워서 쉬고 싶을 뿐이야.

꼬르륵.

뱃속에서 들리는 괴상한 소리가 정적을 깬다. 그래, 뭐라도 먹어야지. 점심에 먹은 편의점 샌드위치가 오늘 먹은 전부잖아. 냉장고를 열어봤지만 내 잔고만큼이나 텅 비어있다. 찬바람만 슈웅슈웅 나온다.

오늘도 밖에서 사 먹어야 하나. 치킨, 짜장면, 족발, 떡볶이…. 전단지를 뒤적이지만 도대체가 마음에 드는 메뉴가 없다. 그 어떤 음식도 텅 비어버린 나를 채워주지 못할 것 같다.

또각또각 부엌에 울려 퍼지는 도마소리. 온기를 머

금은 국 한 그릇, 소박하지만 신선한 재료로 만든 반찬, 뽀얀 김을 내뿜는 갓 지은 쌀밥. 아무리 피곤해도, 아무리 귀찮아도, 아무리 요리에 자신이 없을지라도. 그래도… 그래도 집밥이 먹고플 때가 있는 법이다.

　미치도록 집밥이 먹고팠던 그 날, 나는 요리를 하기로 마음먹었다.

요리의 시작은 양념부터

　보통 요리를 처음 시작할 때 가장 어려워하는 게 양념이 아닐까 싶어요. 마트에 가면 셀 수 없이 많은 종류의 양념이 있죠. 무엇을 골라야 할지 하나하나 보다 보면 머리가 아찔할 정도에요. 게다가 같은 종류라도 용량은 또 왜 그리도 다양한지…. 처음 요리를 시작하려고 하는데, 첫걸음부터 어려운 느낌이에요.

　하지만 사실 걱정할 게 하나도 없답니다. 대부분 시판 제품들은 비슷비슷하니 가장 마음에 드는 포장용기를 사면 됩니다. 디자인이 마음에 들거나 원래부터 좋아하던 브랜드를 고르는 게 좋아요. 아니면 할인하는 제품을 사용하는 것도 추천입니다.

　대신 용량엔 조금 더 신경 써야 하는데요, 집밥이 그리워 요리를 시작한다면 처음엔 가장 작은 용량을 사는 게 좋아요. 아직 요리에 친숙하지 않기도 하고, 바쁜 일상으로 요리를 자주 못 할 수도 있기 때문이죠. 작은 용량을 사서 다 쓰는 걸 목표로 삼아보세요. 점점 비어가는 용기를 보는 재미도 있고, 다 비워진 통을 보며 얻는 쾌감도 무시 못 한답니다. 어엿한 요리사가 된 기분이 든다고나 할까요. 그래도 선택하기 어렵다는 분들을 위해 준비했습니다. 제가 주로 사용하는 양념 리스트에요. 처음부터 모든 양념과 재료를 살 수는 없으니, 중요도에 따라 목록을 나눠 보았어요. 참고해보시고 기본양념부터 차근차근 모아나가면 좋을 듯합니다.

꼭이요, 꼭꼭! 꼭 필요한 양념

소금   청정원 천일염 구운소금. 800도에 구워 불순물과 유독성분을 제거한 소금이에요. 입자가 곱고 짠맛도 심하지 않아요. 가성비가 좋은 소금입니다.

된장   해찬들 재래식된장. 다른 된장에 비해 담백한 맛인데, 그 맛이 또 매력적이에요. 찌개나 국에 활용하기도 좋고 쌈 싸 먹기도 좋아요.

고추장   해찬들 태양초 고추장. 태양초만을 사용해 만든 고추장이에요. 깔끔하게 매운 맛이라 요리에 활용도가 높습니다.

간장   샘표 양조간장 701. 대표적인 간장입니다. 국간장도 샘표를 사용하고 있어요. 요리에 따라 간장을 나눠서 써주면 좋지

만 처음부터 다 사기에 부담이 되신다면 양조간장으로 대신
해도 괜찮아요. 요리 초보들은 국간장, 양조간장, 진간장 등
다양한 간장을 보고 뭐가 뭔지 헷갈리기 쉬운데요, 국간장
은 색은 연하고 짠맛이 강해서 국물 간을 볼 때 사용하기 좋
고 진간장은 색이 진하고 단맛이 있어서 볶음 요리같이 맛
과 색을 모두 낼 때 사용해요. 양조간장은 색이 진하면서 짠
맛은 덜하기 때문에 무난하게 사용하기 좋답니다.

후추   오뚜기 순후추. 친숙한 디자인이죠. 보다 보면 향수를 불러
일으켜요.

참기름   오뚜기 옛날참기름. 옛날 방앗간 방식으로 직접 짜고 장작
불로 볶아 만들었다고 해요. 개봉 후에는 한 달 이내에 쓰시
는 게 좋으니 처음엔 꼭 작은 용량으로 구입하세요.

식초   오뚜기 양조식초를 쓰고 있어요. 발효식초에 속하고 여러
음식에 잘 어울립니다.

식용유   오뚜기 식용유. 콩에서 추출한 100% 순식물성 식용유로 튀
김 요리는 물론 볶음 요리, 부침 등에 적합해요.

한국인의 밥상에 맛을 더해주는 양념

맛술   롯데 미림. 쌀 천연발효로 만든 맛술이에요. 판매하는 용량
이 다양하여 선택의 폭이 넓습니다. 맛술을 부르는 이름이

워낙 다양해서 헷갈리기 쉬운데요, 맛술은 조리용 술을 포괄하는 말이에요. 그래서 미림, 청주, 소주, 와인 등이 모두 맛술이 될 수 있죠. 다만 일반 술을 사용할 경우 요리의 종류에 따라 적합하지 않을 수도 있기 때문에, 요리 초보는 맛술용으로 만들어진 시판 제품을 사용하길 추천 드려요.

다진 마늘 저는 마늘을 그때그때 다져서 쓰기도 하고, 미리 다져둔 걸 냉동시켰다가 녹여 쓰기도 해요. 그 과정이 번거로우시다면 인터넷에서 다양한 냉동 다진 마늘을 판매하고 있으니, 마음에 드는 제품을 골라 사용하시길 추천 드려요. 국내산 마늘이 향도 풍부하고 좋답니다.

멸치액젓 청정원 남해안 멸치액젓. 액젓을 넣어주면 국물이 진해져요. 깊은 맛을 내어 맛있게 먹을 수 있습니다.

매실액 저는 직접 담근 매실액을 사용해요. 시판 제품 중에선 오뚜기 요리 매실청을 추천드려요. 단맛이 적당해서 요리와 잘 어울립니다.

물엿 오뚜기 옛날 물엿. 단맛이 오래도록 유지되어 애용하고 있어요. 맥아당 함량이 높아 단맛이 좋아요.

전분 오뚜기 옥수수맛 전분. 300g으로 포장되어 적당량을 사용할 수 있어서 편리해요.

통깨 재래시장에 갈 일이 있을 때, 사오곤 합니다. 확실히 질 좋은 깨를 구할 수 있어요. 주변에 시장이 없다면 CJ 이츠웰 볶음 참깨를 추천 드려요. 100g~1kg까지 용량이 다양해서 여건에 맞게 구매할 수 있답니다.

생강가루　생강가루는 알싸하면서도 고유의 향으로 풍미를 살리고 잡
내를 잡는 역할을 합니다. 역시 마트에 가면 여러 종류가 구
비되어 있어요.

세계인의 밥상에 맛을 더해주는 양념

토마토소스　오뚜기 프레스코 스파게티소스. 토마토와 바질이 잘 어우러
져서 다양한 요리에 활용 가능해요. 풍미가 좋은 편입니다.

올리브유　오뚜기 프레스코 압착 올리브유. 스페인산 올리브로 만든
압착 올리브유예요. 올리브유도 간장처럼 종류가 다양해요.
엑스트라 버진, 버진, 퓨어, 정제 올리브유 등 여러 명칭이
있어서 헷갈리기 쉽죠. 이중 국내에서 주로 쓰이는 건 엑스
트라 버진과 퓨어예요. 올리브 열매를 으깨서 기름을 낸 올
리브유 중에서도 가장 품질이 우수한 경우, 엑스트라 버진
이라는 이름을 붙여요. 가장 신선하고 질이 좋은 만큼 향을
살리는 요리용으로 쓰기 좋죠. 단, 발연점이 높아서 튀김 요
리에는 적합하지 않기 때문에, 튀김 요리 등을 할 때는 퓨어
를 사용해요. 퓨어는 엑스트라 라이트라고 불리기도 하는
데, 정제 올리브유에 엑스트라 버진을 블렌딩한 올리브유랍
니다.

생크림	서울우유 생크림. 요리에 고소한 맛을 더해주는 생크림이에요. 국내 제품이 더욱 신선하고 좋더라고요.
고형카레	오뚜기 3일 숙성 고형카레. 진하고 깊은 맛이 일품이에요. 취향에 따라 매운 맛의 정도를 고를 수 있어요.
발사믹식초	올리타리아 발사믹식초. 이탈리아 제품으로 향도 맛도 훌륭합니다.
머스터드	하인즈 옐로우 머스터드. 단맛이 전혀 없는 미국 스타일 머스터드에요. 새콤한 맛이 일품인데, 맛보다 보면 매력에 빠져들어요.
파르메산 치즈가루	메사나 파마산 치즈가루. 피자 가게에 가면 쉽게 볼 수 있는 가루에요. 짭조름한 맛이 좋아요. 한 번 구비해두면 피자 가게 같은 느낌을 낼 수 있어요.
강황가루	오뚜기 강황가루. 120g, 48g으로 나눠서 판매하기 때문에 부담 없이 구매할 수 있어요. 인도산 강황을 100% 사용해서 맛과 향이 좋습니다.
버터	서울우유버터. 요리를 할 때는 소금이 첨가되지 않은 무염버터를 사용하셔야 해요. 국산 원유를 100% 사용하여 부드러운 맛이에요.
레몬즙	풀레드 레이지 레몬즙. 원액을 사용해 시큼한 레몬 맛이 살아있어요.
마요네즈	오뚜기 골드 마요네스. 부드럽고 고소한 맛이 좋아요. 너무 되지도 질지도 않고 적당한 점도여서 요리하기에 좋습니다.

치킨스톡   청정원 쉐프의 치킨스톡. 병에 들어 보관과 사용이 용이합니다.

와사비   S&B 오로시 와사비. 와사비의 질감이 느껴지는 생와사비랍니다. 알싸한 맛이 느껴지는 제대로 된 와사비에요.

크림치즈   필라델피아 크림치즈 플레인. 두말할 필요 없는 훌륭한 크림치즈에요. 유통기한이 짧지만 그냥 빵에 발라 먹어도 좋아 애용하고 있어요.

핫소스   타바스코 핫소스. 역시나 익숙한 핫소스입니다. 피자 가게에 가면 볼 수 있죠. 맵기도 적당하고 요리에 사용하기 좋아요.

케첩   오뚜기 토마토 케첩. 달콤새콤 진한 맛이 매력적인 케첩이에요.

올리고당   백설 올리고당. 식이섬유가 많이 들어가고 칼로리는 낮은 올리고당이에요. 은은한 단맛이 요리에 맛을 더해줍니다.

계량의 기본

요리를 처음 시작했을 때, 잘하는 분들께 소스를 어떻게 만드는지 물어보면 언제나 답이 비슷했어요. 먹으면서 간을 맞춘다던지, 그냥 느낌대로 넣는다고 하시더라고요. 때론 손맛 덕분이라고 하시며 웃으셨어요. 재미있는 추억으로 남은 이야기지만, 그 당시 제겐 너무도 어려웠답니다. 요리라는 게 진입 장벽이 높아 뛰어넘지 못할 허들처럼 보였어요. 아직 요리에 대한 확신이 없었기에 먹으면서 간을 보려니 긴장되어 감이 오질 않았고 느낌대로 넣다가 싱겁거나 짜게 되곤 했거든요. 손맛이라는 건… 앞으로 30년은 더 요리를 해야 얻을 수 있지 않을까요? 그래서 저는 처음엔 계량스푼과 계량컵을 사용하기를 추천 드려요. 누구나 비슷한 맛을 낼 수 있도록 정확성을 높이기 위해, 이 책에서도 계량스푼과 계량컵을 기준으로 레시피를 정리했어요. 혹시 밥숟가락과 종이컵으로 계량을 하는 분들이라면, 다음을 참고해서 분량을 조정하시면 돼요.

계량스푼 1T = 15ml = 밥숟가락(약 12ml)에 수북하게 담은 분량

계량스푼 1t = 5ml = 평평하게 담은 밥숟가락 1/2 분량

계량컵 1컵 = 250ml = 종이컵(약 180ml) 1컵을 넣고 약 1/4컵을
더 넣어주는 분량

꼬집   소금 등의 재료를 엄지와 검지손가락으로 꼬집듯이 잡은 적
은 양. 약 1~2g 정도

줌   면이나 채소 등을 계량할 때 쓰는 방법으로, 손으로 쥐었을
때 한 손에 잡히는 분량

　　요리를 처음 시작했을 때, 가장 두려웠던 게 뭘까, 하고 생각해봤어요. 욕심껏 사온 재료들이 냉장고에서 썩어가는 모습을 볼 때, 튀김을 만들까 짬뽕을 만들까 기대 가득해 사온 오징어를 도마 위에 올리자 심해에서 온 괴물처럼 보일 때, 식당에서 10분 만에 먹어 치운 돈가스를 집에서 직접 튀겨보려 하다가 2시간이 넘게 걸릴 때… 간단하게 만들 수 있을 거라고 생각했던 요리들이 막상 부엌에선 어렵고 무섭게 다가오곤 했죠. 혼자 살던 시절엔 남기게 되는 음식들을 처리하기도 부담이었고요. 이런 기억이 쌓여서 일종의 트라우마로 남았는지도 몰라요.

　　아마 그런 두려움 때문에 요리를 시작하기 겁이 났던 것 같아요. '어떤 재료가 신선하지? 저 채소는 어떻게 손질해야 해? 양념을 넣는 건 왜 이리 수학 공식 같은 거야?'라는 질문이 예전의 저를 항상 쫓아다녔어요. 저는 요리 전문가가 아니기 때문에 '정답은 바로 연습

그리고 또 연습뿐입니다!'라고 말하는 대신, 요리에 익숙해지기 전까지 요리를 보다 편하게 도와주는 동료들을 활용하라고 말씀드리고 싶어요. 요즘 인터넷엔 간편하게 요리할 수 있게 도와주는 것들이 많이 있거든요.

손질 재료 활용하기

요리 초보들이 가장 애를 먹는 게 바로 재료 손질이죠! 물론 싱싱한 재료를 사서 직접 손질해 요리를 한다면 맛과 영양 면에서 더 좋을 거예요.

하지만 이런 익숙지 않은 과정 때문에 요리를 하기가 두렵다면, 손질된 재료를 사서 활용하는 걸 적극 추천해요. 웬만한 마트에만 가도 손질 재료를 모두 팔고 있고, 온라인에서도 구매가 가능하니까요.

특히 해산물을 요리 때마다 손질하기란 힘들 거예요. 싱크대를 가득 메운 부산물과 비린내는 청소하기도 어렵고요. 그래서 해산물을 손질해서 판매하는 사이트를 소개해드려요. 새우, 게, 조개, 생선 같은 해산물을 급속냉동으로 얼려둔 덕분에 영양과 맛을 보존한 상태로 배송이 되니 편하죠. 해동방법도 어렵지 않고요. 채소와 육류를 손질해서 팔고 있는 사이트도 있답니다.
곧바로 요리할 수 있게끔 손질한 채소를 필요한 만큼만
구매할 수 있어요.

참고로 저는 주말에 해산물을 많이 사서 손질합니
다. 그리고 소분해 냉동시켜 해물팩을 만들어둬요. 그
러면 요리할 때 요긴하게 쓸 수 있는데, 이와 관련해선
145쪽에서 자세하게 설명해드릴게요.

마칸(해산물) http://www.makkan.co.kr/shop/main/index.php

한살림(채소 및 육류) http://shop.hansalim.or.kr/im/main.do

종합 온라인 쇼핑몰

동원몰 http://www.dongwonmall.com/index.do

이마트몰 http://emart.ssg.com/

롯데마트몰 http://www.lottemart.com/index.do

홈플러스몰 http://www.homeplus.co.kr

육수 이야기

육수는 요리에 맛을 더해주는 소중한 존재에요. 육수가

잘 되면 요리의 반은 성공한 거라고 말할 수 있을 정도죠. 보통은 멸치나 디포리 같은 해산물을 손질하거나 다시마를 이용해서 대량으로 육수를 낸 뒤, 한 번 요리할 때마다 사용할 수 있도록 소분해서 냉동 보관을 해둬요. 대부분의 요리책에서도 이런 방법을 추천하고요.

하지만 이런 과정이 처음엔 번거롭고 어려울 수 있기 때문에, 마트에서 판매하는 육수팩(＝국물팩＝다시팩)을 구매해 차근차근 요리에 적응해 나가시면 좋을 것 같아요. 앞서 소개한 종합 온라인 쇼핑몰에서 '육수팩, 국물팩, 다시팩' 등으로 검색하시면 한 봉지씩 소분되어 물에 넣고 끓이기만 하면 되는 다양한 육수 제품을 만날 수 있거든요.

육수팩을 사서 만든 요리가 성공한다면 작은 성취가 쌓여 요리에 대한 사랑이 커질 거라고 생각합니다. 그 사랑이 점점 자라나 직접 해물을 손질하고 육수를 우려내는 방법을 배우도록 이끌겠죠?

직접 육수팩을 만들어 보시고픈 분들을 위하여, 144쪽에서 자세히 설명해두었어요. 나중에 도전해보셔요.

고기 구입 노하우

··

세상엔 고기 종류가 셀 수 없이 많고, 또 고기마다 부위에 따라 달라져요. 모든 고기에 대한 팁을 나열하자면 셀 수 없이 많아지니, 여기에서는 잊어선 안 될 기본적인 점들을 짚어 드릴게요. 이 정도만 알고 있으면 고기 전문가는 아니어도 고기 구입 초보는 탈출한 셈이라고 할 수 있어요!

1   고기 한 근 = 600g(200g이 1인분 분량)

2   고기는 넉넉히 구매하는 게 경제적이에요. 한 근 단위로 구매하여 소분해서(1~2인분씩) 냉동시켜 사용하시길 추천 드려요. 집에 와서 곧바로 냉동시키면 해동했을 때도 이전의 상태를 유지해줘요. 넉넉하게 사서 여러 번 나눠 먹으면 장기적으로 볼 때 훨씬 저렴합니다.

3   고기는 따로 포장해주세요. 비닐봉지에 담아서 넣는 게 좋아요. 고기에서 핏물이 새어나와 다른 식재료를 적실 수 있답니다.

4   고기는 계산하기 직전에 구입하세요. 아시다시피 고기는 신선함이 생명이죠. 상온에 오래둘수록 신선도가 떨어지기 때문에 계산하기 전에 구입하시는 게 좋습니다.

5   고기 전문가는 고기를 판매하시는 분이라는 사실을 잊지 마세요.

오늘 어떤 고기가 신선하나, 무슨 요리를 하려는데 어떤 부위가 괜찮나, 등을 여쭤보면 친절하게 설명해주신답니다. 차돌박이를 몇 명이서 먹는데 얼마나 사야 할지를 모르겠다고 하면, 알아서 척척 주시기도 해요.

채소 구입 노하우

채소도 고기와 마찬가지로 종류가 많아요. 수많은 채소의 구입과 보관 요령을 모두 설명해 드리고 싶지만, 지면 관계 상 그럴 수가 없답니다. 그래도 어떤 일이던지 그 근본을 알면 여러 분야에 적용할 수 있는 법이죠. 채소를 구입하실 때 기억하면 좋은 노하우들을 소개해드릴게요. 신선하고 질 좋은 채소로 만든 요리는 확실히 더 맛있고 건강에도 좋으니까요!

1   채소 한 단 = 채소 한 묶음. '단'이라는 단위는 무게나 길이가 아니라 묶음을 나타내요. 시금치 한 단과 대파 한 단은 그 양이 다를 수밖에 없겠죠. 한 단은 양이 제법 되니 필요한 만큼 적당한 양을 사시길 추천 드립니다. 대신 많이 사는 만큼, 값이 저렴하니 대량 구매 후 냉동 채소팩으로 만드셔도 좋아요. 제가 자주 사용하는 방법이라 만드는 과정은 146쪽에서 자세히 설명해됐답니다.

2   껍질이 남아있는 채소 고르기! 채소는 껍질 상태로 신선한 지 오래된 지 알 수 있어요. 변색되어버린 채소보단 윤기가 나고 색이 진한 채소가 싱싱합니다. 그러니 껍질을 벗겨놓은 채소보단 껍질이 남은 채소를 고르면 좋아요.

3   뿌리채소나 줄기채소의 경우, 윗부분을 잘라놓은 경우가 많은데요, 이 경우에 절단면을 주목해주세요. 식물은 절단된 후 산소에 노출되면 변색되고, 시간이 갈수록 변색이 심해지기 때문에 갈색이나 검게 변해 있다면 나온 지 오래된 채소일 확률이 높아요. 그러니 절단면을 확인하면 보다 신선한 채소를 고르실 수 있어요.

4   씻어놓은 채소는 습기를 머금어 금세 물러버린답니다. 어떻게 씻었는지 알 방법이 없어 불안하기도 하고요. 조금 귀찮아도 집에서 세척해서 먹는 게 좋아요.

5   뭐니 뭐니 해도 가장 맛있는 채소를 고르는 방법은 제철을 맞은 채소를 고르는 거예요. 신선한 생명력을 듬뿍 머금은 채소로 만든 요리가 좋겠죠!

1월   도라지, 미나리, 우엉, 더덕

2월   봄동, 시래기, 우엉, 시금치, 깻잎, 더덕

3월   봄나물, 달래, 냉이, 돌나물, 풋마늘, 더덕

4월   두릅, 달래, 쑥, 마늘, 냉이, 고사리, 더덕

5월   상추, 마늘, 숙주나물, 취나물, 쑥갓, 방풍나물, 마늘종

6월   양파, 가지, 적채, 열무, 감자, 부추

7월	토마토, 옥수수, 애호박, 콩나물, 아욱, 깻잎, 샐러리, 감자, 도라지, 꽈리고추
8월	옥수수, 감자, 고구마, 도라지, 고추, 들깨, 고구마순
9월	옥수수, 감자, 고구마, 팽이버섯, 녹두, 참깨
10월	무, 고구마, 도라지, 버섯류, 대파, 호박, 연근, 호두, 갓
11월	배추, 무, 고구마, 호박류, 대추
12월	배추, 무, 시금치, 고구마, 당근, 브로콜리, 상황버섯, 생강, 늙은호박

불 조절하기

불 조절이 쉽지만은 않지만 요리에서 불 조절은 중요한 편이에요. 책에선 불의 세기를 세 단계로 표시해봤어요. 강불, 중불, 약불인데요, 강불은 불이 냄비 바닥을 덮거나 닿는 정도의 세기입니다. 중불은 냄비 바닥에 닿을락 말락하거나 0.5cm 정도 떨어진 정도이고, 약불은 냄비 바닥에서 멀찍이 떨어져 1cm 정도의 약한 불이에요. 인덕션을 사용하신다면 최대 화력 숫자를 삼등분한 후 그 전후라고 생각하시면 됩니다(ex. 최대 화력이 9인 경우, 1~3 약불, 4~6 중불, 7~9 강불).

레시피 용어 해독하기

처음 요리책을 볼 때 어렵다고 느끼는 이유 중 하나가 요리 용어의 낯섦 때문이 아닐까 해요. 그래서 되도록 누구나 이해할 수 있는 말로 설명하려고 했지만, 어쩔 수 없이 사용할 수밖에 없는 용어도 있더라고요. 이 책에서 가장 많이 쓰인 레시피 용어 몇 가지를 미리 말씀드리니 참고해주세요.

잘게 썰기	아주 작은 크기로 써는 것
송송 썰기	연한 물건을 재료 모양 그대로 조금 빨리 잘게 써는 것
채 썰기	가늘고 길게 써는 것
편으로 썰기	재료 모양 그대로 얇게 써는 것
깍둑 썰기	가로 세로 1~2cm 정도의 사각형 모양으로 써는 것
어슷 썰기	길쭉한 재료를 사선으로 비스듬하게 써는 것
한소끔 끓이기	밥이나 국 등이 한 번 파르르 끓어오르는 것
밑간하기	고기나 생선의 잡내를 없애고 연하게 만들며 간이 배이게 하기 위해서, 소금이나 후추 등을 미리 뿌려 두는 것

Chapter 1.

밥 한 그릇이

떠오른다

제 니

이 야 기

처음 요리를 시작하던 날, 나는 쭈뼛쭈뼛 마트에 갔다.
장 보러 오랜만에 왔다고 누가 지적하는 것도 아닌데 괜
히 몸이 굳었다. 집에 식재료라곤 하나도 없어서 이것저
것 사야 했다. 막상 마트에 들어서니 마트가 어쩌나 커
보이던지. 요리를 해보려고 재료를 샀다가 조금씩 사용
하고 대부분 버렸던 기억이 떠올랐다.

"휴우, 역시 요리는 어려워."

엄마 아빠가 하는 요리는 참 쉬워 보였는데. 어렸던
나는 부모님을 따라 요리를 곧잘 하곤 했다. 요리를 만
들다 막히면 곧바로 물어볼 수도 있었다. 게다가 집 냉

장고엔 다양한 재료가 들어있고 남길까봐 걱정할 필요
도 없었다. 텅텅 비어있는 내 냉장고와는 다르다.

쌀, 달걀, 대파, 양파, 굴소스, 소금, 후추 등을 바구
니에 담았다. 쌓여가는 재료를 보니 지난번처럼 버리게
될까봐 걱정이 들었다. 굴소스까지…. 처음부터 너무 어
려운 소스 아니야? 내려놓으라는 마음의 소리가 들려왔
지만 무시하기로 했다. 괜찮아, 남으면 소분해서 보관하
면 되니까. 굴소스를 활용한 요리가 얼마나 많은데. 이
번엔 버리지 않을 거야.

집에 돌아와 재료를 식탁에 펼쳐 놓으니 한숨이 나
왔다. 대파와 양파가 어쩌나 사납게 보이던지. 대체 어
디서부터 시작해야 하는 걸까. 눈앞이 캄캄해지는 것 같
았다. 그래도 포기할 순 없었다.

"자, 그럼 한 번 시작해볼까?"

마음을 다잡으며 앞치마를 질끈 묶었다.

당근과 대파, 햄을 서툴게 썰었다. 칼질이 익숙하진
않지만 도마에 닿는 감촉이 기분 좋았다. 항상 마우스만
쥐던 손에 칼과 주걱이 들려있으니 어색했다. 그래도 요
리를 하고 있다는 사실에 설레는 것도 사실.

투박하게 썰어둔 재료들을 프라이팬에 넣고 볶았다.
부엌에 훈훈한 공기가 가득 찼다. 기름에 볶인 파가 알

싸한 향을 내뿜어 식욕을 자극했다. 익숙지 않은 일이다 보니 이마엔 땀이 송글송글 맺혔다. 하지만 한 걸음씩 완성을 향해 나아갔다. 밥과 굴소스를 넣고 볶자 어찌나 맛있어 보이던지. 어느새 식탁 위엔 먹음직스러운 굴소스 볶음밥이 올라가 있었다.

그토록 원했던 집밥이 내 눈앞에 있었다.

"감동이다."

김이 모락모락 피어오르는 굴소스 볶음밥. 모양은 살짝 부족할지라도 내겐 그 어떤 잡지 속 요리보다도 먹음직스럽게 보였다. 맛도 물론 감격스러울 만큼 좋았고.

어떤 요리를 할까, 고민되는 날이면 언제나 그 따뜻했던 밥 한 그릇이 떠오른다.

ps.

이제는 칼질을 능숙하게 해내는 제니. 스스로가 대견스럽다.

돼지고기 쌈밥

ingredient

밥 1공기, 돼지고기 간 것 2/3컵, 양파 1/4개, 대파 1/8대,
상추 약간, 후추 약간

+ 소스 : 된장 1/2T, 고추장 1T, 고춧가루 1T, 물 1T, 맛술 1T,
다진 마늘 1/3T, 설탕 1/3T, 물엿 1/3T, 후추 약간

Tip

대파와 양파를 넣는 대신
미리 썰어둔
냉동 채소팩(p.146 참고)을
사용하셔도 좋아요.
채소팩을 넣을 때는
해동하지 않고,
3에 바로 넣어줍니다.

Recipe

1 양파와 대파는 잘게 다지고, 분량의 소스 재료는 섞어 준비합니다.

2 달군 팬에 식용유를 두르고 돼지고기 간 것과 후추를 넣어 강불에 볶아주세요.

3 고기가 어느 정도 익으면 대파와 양파를 넣고 중불에 볶아줍니다.

4 고기가 완전히 익으면 약불로 줄이고 소스를 넣어 졸여주세요.

5 상추에 밥을 올려 볼에 담고, 양념한 고기를 올리면 완성.

02

___

가지 덮밥

가지 1/2개, 다진 마늘 1/3T, 소금 3꼬집

+ 소스 : 진간장 1.5T, 설탕 1.5T, 맛술 1T, 물 1T, 생강가루 약간

가쓰오부시를 살짝 얹으면
맛이 더 좋아져요.
진간장이나 국간장이
따로 없으면 양조간장으로
대신해도 좋아요.
이후 다른 레시피에
간장을 사용할 때 모두
동일하게 적용되는 팁이니,
참고해주세요!

1   가지는 등분해서 먹기 좋은 크기로 썰어주세요.

2   달군 팬에 식용유를 살짝 두르고 중불에 다진 마늘
    을 볶습니다. 마늘 향이 올라오면 가지를 넣고 소금
    을 뿌려 노릇하게 구워 따로 둡니다.

3   분량의 소스 재료를 섞어 강불에 끓입니다.

4   파르르 하고 끓어오르면 약불로 낮춘 뒤 준비한 가
    지를 넣어 졸여주세요. 양념이 배면 완성! 밥 위에 올
    려 즐겨요.

03

데리야키 닭고기 덮밥

ingredient

닭가슴살 2쪽(300g), 맛술 1T, 소금 2꼬집, 후추 약간

+ 전분물 : 옥수수전분 2t, 물 2t

+ 소스 : 진간장 4T, 설탕 4T, 맛술 2T, 물 4T, 식초 1t,
생강가루 약간

Tip

스크램블 에그를 만들어
함께 올려 먹으면
훨씬 더 맛있어요.

Recipe

1 닭고기에 맛술, 소금, 후추를 뿌려 재워줍니다. 분
량의 재료를 섞어 소스와 전분물을 미리 준비해두
세요.

2 달군 팬에 닭가슴살을 노릇하게 강불에 구워준 후,
먹기 좋은 크기로 썰어주세요.

3 만들어둔 소스를 붓고 닭고기를 넣어 강불에 끓
여주세요. 파르르 끓어오르면 중불로 낮추고 졸
이다가 소스가 어느 정도 졸아들면 전분물을 넣
어 걸쭉하게 끓여주세요.

달걀 마늘 볶음밥

ingredient

밥 1공기, 마늘 5알, 대파 1/8대, 소금·후추 약간씩
스크램블 에그 : 달걀 2개, 소금 2꼬집

Tip

입맛에 맞게
소금을 추가하셔도
좋아요.

Recipe

1   달걀을 풀고 소금을 넣어 섞은 다음, 달군 팬에 식
     용유를 두르고 달걀물을 붓습니다. 중불에 밑면이
     익으면 젓가락으로 휘저어 스크램블 에그를 만들
     고 잠시 빼둡니다.

2   마늘은 편으로 얇게 썰고 대파는 잘게 썰어줍니다.

3   달군 팬에 식용유를 두르고 중불에 마늘을 볶다가
     마늘 향이 올라오면 파를 넣고 볶아줍니다.

4   밥을 넣고 소금과 후추를 넣어 볶아주세요.

5   만들어둔 스크램블 에그를 넣고 자르듯 섞어줍니다.

05

제육 덮밥

ingredient

삼겹살 2줄(250g), 대파 1/5대, 양파 1/4개,
마늘 5알, 당근 1/6개
+ 양념장 : 고추장 1.5T, 고춧가루 2T, 진간장 1/5T, 소금 1꼬집,
다진 마늘 1/2T, 설탕 1T, 맛술 1T, 생강가루 1/2t, 참기름 약간

Tip

깻잎을 채 썰어
달걀 프라이와 함께 올리면
색다른 제육 덮밥을
즐길 수 있어요.

Recipe

1   양파, 대파, 마늘, 당근은 얇게 썰어 준비해주세요.

2   분량의 재료를 섞어 양념장을 만든 후 고기에 버무
     려 10분간 재워주세요.

3   달군 팬에 식용유를 두르고 중불에 마늘을 볶다가
     마늘 향이 올라오면 고기, 양파, 당근을 넣고 강불에
     볶아줍니다.

4   고기 겉면이 익으면 대파를 넣고 완전히 익을 때까
     지 볶아주세요.

06

크림 오므라이스

ingredient

달걀 2개, 밥 1공기, 시판 베이컨 1줄, 대파 1/5대,
양파 1/4개, 굴소스 1T, 후추 약간, 양송이버섯 2개
+ 크림소스 : 우유 1컵, 생크림 1/2컵, 시판베이컨 1줄, 체다 치즈 1장,
양파 1/4개, 후추 약간, 양송이버섯 2개, 파르메산 치즈가루 1T

Tip

좀 더 빨리 만들고 싶다면
시판되는 볶음밥,
파스타용 크림소스 등을
이용하시면 편리해요.
굴소스가 없으면
소금을 가감해서
간하세요.

Recipe

1 볶음밥용 채소와 베이컨은 잘게 썰어 준비하세요.
소스용 베이컨과 양송이는 채 썰고 양파는 잘게 썰
어주세요.

2 볶음밥을 먼저 만들어요. 달군 팬에 식용유를 살짝
두르고 강불에 채소와 베이컨을 볶다가 밥, 굴소스,
후추를 넣고 볶아주세요.

3 달걀은 풀어서 팬에 둘러 얇게 부친 후 그릇에 깔고
밥을 담아주세요. 뒤집으면 모양이 나와요.

4 이제 소스를 준비합니다. 달군 팬에 식용유를 살짝
두르고 중불에 양파, 버섯, 베이컨, 후추를 넣어 볶아
줍니다.

5 생크림, 우유를 넣고 약불에 졸이다가 체다 치즈와
파르메산 치즈가루를 넣고 졸여주세요. 접시에 크림
소스를 담고 그 위에 밥을 올리면 완성.

07

카레 토마토 오징어 덮밥

ingredient

손질 오징어 1과 2/3컵(250g), 양파 1/2개, 대파 1/5대,
방울토마토 3개, 고춧가루 1t, 강황가루 1t, 소금·후추 약간씩
+ 밑간 : 강황가루 1t, 고춧가루 1t, 소금 2꼬집,
다진 마늘 1t, 생강가루 약간

Recipe

1   오징어는 흐르는 물에 씻은 뒤 체에 밭쳐 물기를 빼
     고, 분량의 밑간 재료를 넣어 버무립니다.

2   양파는 채 썰고 대파는 잘게 썰고 방울토마토는 반
     으로 썰어요.

3   달군 팬에 식용유를 두르고 양파, 대파를 중불에 볶
     다가 향이 오르면 토마토, 고춧가루, 강황가루, 소금,
     후추를 넣고 볶아요.

4   밑간한 오징어를 넣고 중불에 익힌 다음, 밥 위에 올
     려 즐겨요.

08

새우 크림 카레 덮밥

ingredient

새우 6마리, 밥 1공기, 우유 1/4컵, 생크림 1/4컵, 양파 1/4개,
고형카레 2조각, 토마토소스 3T, 고춧가루 1/2T, 청양고추 1/2개
+ 새우 육수 : 1과 1/2컵(물 2컵 + 새우 머리)

Tip

새우 하나를 남겼다가
달군 팬에 구워
예쁘게 플레이팅 해도
좋아요.

Recipe

1 양파와 청양고추는 잘게 썹니다. 새우는 머리를 분리
하고 껍질을 깐 후 한입 크기로 썰어주세요.

2 새우 육수를 만듭니다. 물 2컵에 분리해둔 새우 머리
를 넣어 10분 정도 끓이면 돼요.

3 달군 팬에 식용유를 두르고 새우살을 익혀 따로 둡
니다.

4 달군 팬에 식용유를 두르고 양파와 청양고추를 볶습
니다. 양파가 갈색이 되면 새우 육수를 붓고 고형카
레를 넣어 중불에 끓여주세요.

5 걸쭉해지면 생크림과 우유, 토마토소스를 넣고 약불
에 끓여주세요. 다시 한 번 걸쭉해졌을 때 준비한 새
우살을 넣으면 완성.

09

갈릭 버터 새우밥

ingredient

새우 6마리, 버터 1T, 마늘 5알, 꿀 1/2T, 레몬즙 1/2T, 소금 약간

+ 볶음밥 : 밥 1공기, 마늘 3알, 버터 1T, 소금 약간

Tip

새우는 머리를 분리하고
몸통은 껍질을 까서
준비하면 되는데요,
따로 육수를 낼 필요가 없으니
냉동 새우를 이용해도 돼요.
꿀은 설탕으로
대체 가능합니다.

Recipe

1 갈릭 버터 새우에 들어갈 마늘은 잘게 다지고, 볶음
밥용 마늘은 반은 얇게 썰고 반은 다져주세요.

2 먼저 갈릭 버터 새우를 준비할게요. 팬에 버터와 마
늘을 넣고 중불에 볶다가 향이 오르면 새우, 레몬즙,
소금을 넣고 볶아주세요. 새우가 빨갛게 익으면 꿀을
넣고 다시 한 번 볶습니다.

3 다른 팬에 버터를 녹이고 마늘을 중불에 볶다가 향
이 오르면 밥과 소금을 넣고 중불에 볶아주세요. 볶
음밥 위에 새우를 올려 즐겨요.

10

연어 아보카도 덮밥

ingredient

밥 1공기, 연어 손바닥 크기 1덩이(180g), 아보카도 1/2개,
양파 1/8개, 김 1장, 새싹채소·와사비 약간씩
+ 소스 : 진간장 2T, 물 2T, 설탕 1/2T, 식초 1/2T, 생강가루 1/4t

Tip

생연어 대신
훈제연어를 사용하셔도
좋아요.

Recipe

1 분량의 소스 재료를 섞어서 강불에 한소끔 끓인 후
   식혀둡니다.

2 양파는 채 썬 후 찬물에 5분간 담가 매운맛을 빼고,
   김은 잘게 잘라주세요.

3 반으로 잘라 씨를 제거한 아보카도는 얇게 슬라이스
   하고 생연어는 먹기 좋은 두께로 썰어주세요.

4 따뜻한 밥 위에 채 썬 양파를 올리고, 만들어둔 소스
   를 뿌린 뒤 김을 올려줍니다.

5 연어와 아보카도를 예쁘게 올려주고 새싹채소를 얹
   은 뒤 그릇 옆에 와사비를 짜주면 완성!

11

___

굴소스 볶음밥

밥 1공기, 굴소스 1T, 잘게 썬 통조림 햄 1/3컵, 양파 1/4개,
대파 1/5대, 소금·후추 약간씩, 당근 1/5개

미리 썰어둔 채소팩
(p.146 참고)을
사용하셔도 좋아요.
채소팩은 해동하지 않은 채
2에 바로 넣고 볶아주세요.

1 당근, 대파, 햄, 양파는 잘게 썰어주세요.

2 달군 팬에 식용유를 두르고 대파를 중불에 볶아줍
니다. 향이 오르면 당근과 양파를 넣고 볶다가 어
느 정도 익으면 햄과 후추를 넣어 볶아줍니다.

3 마지막으로 밥과 굴소스를 넣고 볶아내면 완성이
에요. 입맛에 따라 소금을 더해 간하세요.

12

파인애플 볶음밥

ingredient

밥 1공기, 달걀 2개, 잘게 썬 통조림 파인애플 2/3컵,
양파 1/4개, 대파 1/5대, 노랑·빨강 파프리카 1/6개씩
+ 소스 : 굴소스 1/2T, 멸치액젓 1/3T, 진간장 1t,
다진 마늘 1/2T, 후추 약간

Recipe

1   대파는 송송 썰고 양파, 파인애플, 파프리카는 잘게
       썰어 준비합니다. 분량의 소스 재료는 잘 섞어주세요.

2   달걀은 잘 풀어준 후 달군 팬에 부어 스크램블 에그
       를 만들어 따로 둡니다.

3   달군 팬에 식용유를 두르고 대파를 볶아줍니다. 대파
       향이 올라오면 파프리카, 양파, 파인애플을 넣고 강
       불에 볶아요.

4   채소와 과일에서 나온 수분이 어느 정도 날아가면
       밥과 소스를 넣고 강불에 빠르게 볶아주세요. 불을
       끄고 준비해둔 스크램블 에그를 넣어 잘 섞어주면
       완성.

13

명란 아보카도 덮밥

ingredient

밥 1공기, 김 1장, 시판 명란 반쪽, 마요네즈 1T,
아보카도 1/2개, 달걀 1개, 참기름 1T

Recipe

1   명란은 속만 발라내고, 마요네즈를 넣어 버무립니다.

2   아보카도는 먹기 좋은 크기로 썰고, 김은 얇게 잘라
    주세요.

3   달걀 프라이는 취향에 따라 익혀 준비합니다.

4   밥에 아보카도, 달걀, 명란, 김을 올린 후 참기름을
    둘러주세요.

자투리 채소 구운 주먹밥

ingredient

밥 1공기, 잘게 썬 자투리 채소(애호박, 당근, 양파, 대파 등) 1/2컵, 버터 1조각(5g), 소금·후추 약간씩

Recipe

1   달군 팬에 식용유를 살짝 두르고 잘게 썬 채소들을 중불에 볶아요.

2   밥, 소금, 후추를 넣어 볶습니다.

3   한입 크기로 동글동글하게 만들어주세요.

4   팬에 버터를 녹이고 약불에 노릇하게 구워주세요.

15

폭찹 덮밥

ingredient

돼지고기 등심 1쪽(120g), 밥 1공기, 양파 1/4개, 양송이버섯 2개, 당근 3cm 길이 1조각

+ 밑간 : 진간장 1/5컵, 오렌지주스 1/5컵, 레몬즙 1T

+ 소스 : 밀가루 1/2T, 물 2/3컵, 진간장 1t, 굴소스 1/2t, 버터 1/2T, 치킨스톡 1/2t

Tip

마지막에
스톡을 넣지 않는다면
소금을 조금 추가해서
간을 맞춰주세요.

Recipe

1 양파는 채 썰고 양송이버섯은 편으로 썰고 당근은 작게 깍둑 썰기를 해주세요.

2 등심은 포크나 칼로 콕콕 찌른 후 밑간 재료를 섞어 15분간 재워둡니다. 재워둔 고기는 식용유를 살짝 두른 팬에 완전히 익혀 준비합니다.

3 다른 팬에 식용유를 두르고 양파를 넣어 중불에 볶다가 충분히 익으면 당근을 넣고 볶습니다. 그 다음 당근이 어느 정도 익으면 양송이버섯을 넣어 잘 볶아주세요.

4 양송이버섯까지 어느 정도 익으면 밀가루를 넣고 빠르게 볶아줍니다.

5 여기에 물, 스톡, 간장, 굴소스를 넣고 걸쭉해질 때까지 졸여주세요. 마지막에 버터를 넣으면 소스 완성. 고기와 밥에 소스를 곁들여 먹어요.

16

참치 쌈밥

ingredient

밥 1공기, 참치캔 1개(210g), 깻잎 10장, 양파 1/2개, 대파 1/5대,
당근 1/8개, 호박 1/8개, 청양고추 약간

+ 소스 : 고추장 1과 1/2T, 고춧가루 1/2T, 된장 1T,
다진 마늘 1/2T, 설탕 1/2T, 참기름 1/2T, 물 1/2컵

Tip

미리 썰어둔 채소팩
(p.146 참고)을
사용하셔도 좋아요.
채소팩은 해동하지 않은 채
2에 바로 넣고 볶아주세요.

Recipe

1 쌈에 사용할 깻잎은 잘 씻어 준비하고, 나머지 채소는
잘게 썰어주세요.

2 달군 팬에 식용유를 살짝 두르고 청양고추를 제외한
잘게 썬 채소를 중불에 볶아줍니다.

3 어느 정도 채소가 익으면 참치와 분량의 소스 재료
를 넣고 볶아주세요.

4 걸쭉한 상태가 되면 마지막으로 청양고추를 넣어주
세요. 깻잎에 밥을 올리고 쌈장을 올려 즐겨요.

제 니

이 야 기

"제니야, 사진 편집 다 했어?"

"제니 씨. 영업팀 디자이너가 갑자기 일을 그만두셔
서요. 광고용 사진 조금만 손봐주실 수 있어요?"

"제니 씨. 지난번 스테이크 원고 사진 다시 한 번 보
내주세요."

제니 씨. 제니야. 제니 언니. 제니. 제니제니제니제
니제니제니.

으아아. 이제 나를 그만 좀 불러줘!

일은 외로움을 잘 타는 모양이다. 한 번 올 때 혼자
오는 법이 없으니까. 일이 몰려들기 시작하면 8월의 매

미 떼처럼 소란스럽다. 이러다 온몸에 달라붙은 매미 때문에 바싹 말라붙는 게 아닌지 무섭다. 하나씩 차근차근 처리해나가면 금방 할 것도 같은데. 어디서부터 시작할지 감이 안 잡히는 게 문제다.

어제는 사무실에서 밤을 꼬박 새웠으니 잠깐 집에 들러 눈을 붙이고 샤워도 하고 오기로 했다. 집에 도착해 몸을 씻었다. 몸에 붙은 피로는 떨어질 생각을 안 했다. 소파에 잠깐 누워야지, 했다가 깜빡 잠이 들었다. 30분 정도 잤을 뿐인데도 몸이 한결 개운하다.

"휴우."

다시 회사에 갈 준비를 해야지.

꼬르륵.

아무리 바쁘다 하더라도 몸은 정직하다. 해야 할 일에 묻혀 정신이 없더라도 때가 되면 배가 고파온다. 그렇다. 바쁜 날에도 집밥은 끌린다.

머릿속이 복잡해 어떤 요리를 만들어야 하나, 라는 고민이 들어갈 틈도 없다. 이럴 땐 몸이 기억하는대로 움직여야지. 간장을 따르고 설탕과 굴소스를 더한다. 양파를 넣고 졸이자 순식간에 방안을 가득 채우는 달큰한 내음. 이대로 밥에 끼얹어 먹어도 맛있겠지. 내친김에 달걀도 풀어 스크램블을 만든다. 스테이크를 곁들이거나 돈가스, 삼겹살, 차돌박이 등과 함께 먹어도 좋겠지만 오늘은 햄으로 만족한다. 마요네즈를 뿌려주니 스팸마요 덮밥 탄생!

수학 문제를 해결해주는 공식 같은 덮밥 요리가 있어 바쁜 날도 두렵지 않다. 요리에 자신이 없던 시절, 내게 자신감을 심어주었던 덮밥 만들기. 몸에 익어 언제든지 자연스럽게 만들 수 있다.

맛도 훌륭해 몰려든 업무들을 해치울 용기를 얻었다. 이제 매미 떼 따위 두렵지 않다고!

ps.

컴퓨터를 두들기며

일에 열중하는 제니.

다음번엔 어떤 덮밥을 만들어 먹을지

행복한 고민 중이다.

10분 덮밥의 공식

누구나 좋아하는 10분 덮밥 시리즈

양파소스 *one*

+ 스팸/달걀 = 스팸마요 덮밥
+ 참치/달걀 = 참치마요 덮밥
+ 소고기 = 스테이크 덮밥

튀김을 곁들인 10분 덮밥 시리즈

양파소스 *two*

+ 용가리 = 용가리 덮밥
+ 돈가스 = 돈가스 덮밥
+ 치킨 너겟 = 치킨 너겟 덮밥

고기 마니아를 위한 10분 덮밥 시리즈

양파소스 *three*

+ 차돌박이 = 차돌박이 덮밥
+ 삼겹살 = 삼겹살 덮밥
+ 대패삼겹살 = 대패삼겹살 덮밥

누구나 좋아하는 10분 덮밥 시리즈

Ingredient 양파 1/4개

Sauce 진간장 1T, 설탕 1T, 굴소스 1/2T, 맛술 1/2T,
물 1/2컵, 생강가루 약간

Recipe 분량의 소스 재료에 양파를 채 썰어 넣고 중약불에서 10
분간 졸이면 기본 양파 소스 완성.

스팸마요 덮밥

+ *Ingredient*
스팸 1/2캔,
달걀 1개,
마요네즈 적당량

스팸은 작게 깍둑 썰어 굽고, 스크램블 에그를 만든다.
밥 위에 양파 소스를 뿌리고 그 위에 스크램블 에그를 올린 후 스팸을
얹는다. 마요네즈를 뿌리고 취향에 따라 김가루를 얹는다.

참치마요 덮밥

+ *Ingredient*
작은 참치 1캔,
달걀 1개,
마요네즈 2T

참치에 마요네즈를 섞어주고, 스크램블 에그를 만든다.

밥 위에 양파 소스를 뿌리고 그 위에 스크램블 에그를 올린 후 참치마요를 얹는다. 취향에 따라 마요네즈를 다시 한 번 뿌려준다.

스테이크 덮밥

+ Ingredient

소고기 200g.

와사비 약간

소고기를 한입 크기로 잘라 굽는다.

밥 위에 양파 소스를 뿌리고 그 위에 구운 소고기를 얹은 후 와사비를 곁들인다.

튀김을 곁들인 10분 덮밥 시리즈

Ingredient	양파 1/4개
Sauce	진간장 1T, 설탕 1T, 굴소스 1/2T, 맛술 1/2T, 물 1/2컵, 생강가루 약간
Recipe	분량의 소스 재료에 양파를 채 썰어 넣고 중약불에서 8분 간 졸인 후 달걀 하나를 풀어 살짝 익히면 양파 소스 완성.

용가리 덮밥

+ *Ingredient*
용가리 5개

팬에 식용유를 두르고 용가리를 노릇하게 굽는다.
밥 위에 용가리를 올리고 양파 소스를 얹는다.

돈가스 덮밥

+ *Ingredient*
돈가스 1장

돈가스는 기름에 튀겨 먹기 좋은 크기로 썬다.
밥 위에 돈가스를 올리고 양파 소스를 얹는다.

치킨 너겟 덮밥

+ Ingredient

치킨 너겟 5개

치킨 너겟은 전자레인지에 돌리거나 튀겨서 준비한다.
밥 위에 치킨 너겟을 올리고 양파 소스를 얹는다.

고기 마니아를 위한 10분 덮밥 시리즈

Ingredient   양파 1/4개

Sauce   진간장 1T, 설탕 1T, 굴소스 1/2T, 맛술 1/2T, 물 1/2컵,
생강가루 약간

Recipe   분량의 소스 재료에 양파를 채 썰어 넣고 중약불에서 5분
간 졸인다.

차돌박이 덮밥

+ Ingredient

차돌박이 200g

차돌박이는 살짝 구운 후 완성된 양파 소스에 1분간 다시 졸인다.
밥 위에 양파 소스에 졸인 차돌박이를 얹는다.

삼겹살 덮밥

+ Ingredient

삼겹살 200g

한입 크기로 썬 삼겹살을 노릇하게 구운 후 완성된 양파 소스에 1분간
다시 졸인다. 밥 위에 양파 소스에 졸인 삼겹살을 얹는다.

대패삼겹살 덮밥

+ *Ingredient*

대패삼겹살 200g

대패삼겹살을 노릇하게 구운 후 완성된 양파 소스에 1분간 다시 졸인다.
밥 위에 양파 소스에 졸인 대패삼겹살을 얹는다.

Chapter 2.

국을

끓여 볼까

제 니

이 야 기

일요일 오후. 느즈막히 일어나 베개를 안은 채 뒹굴거리고, 미셸 공드리의 영화 한 편을 보고, 다시 침대에 누워 뒹굴다 보니 어느새 황금빛 노을이 쏟아지고 있었다. 아무것도 하지 않아도 되는 게으름이 기쁘게 다가오는 주말이다. 아무것도 하지 않아도 된다는 건 그 어떤 일을 해도 좋다는 뜻이니까.

마음에 드는 음악을 들으며 산책을 해도 좋고 바닥에 매트를 깔고 요가를 해도 좋다. 주중엔 바빠서 하지 못했던 일들을 마음껏 해보리라, 마음먹지만 그래도 침대에 누워 뒹굴거리는 게 최고다. 머리는 뒤로 질끈 올

려 묶고 커다란 뿔테안경을 쓴 내 모습은 남에게 보여주기엔 쑥스럽지만, 나 혼자 보기엔 나름… 나름 예쁘다. 주말엔 역시 편해야 한다.

밖에선 골목길에서 뛰노는 아이들 소리가 들렸다. 따사로운 오후의 햇살을 맞고 평화로운 웅성임을 듣다 보니 배가 고팠다. 나른한 주말 저녁, 뭐가 좋으려나. 올리브 오일에 볶아낸 알리오올리오와 와인을 곁들여도 좋겠고, 정성들여 예쁘게 말아낸 달걀말이도 좋겠지. 흐음, 그래도 뭐가 부족해. 평온한 주말을 마무리하고 새로이 시작될 한 주를 대비해야 하는데. 고민을 하다 보니 문득 따뜻한 국 요리가 먹고 싶다. 몸이 꽁꽁 얼어버린 겨울날 몸을 녹여주고, 전날 회식으로 쓰린 속을 달래주고, 오래도록 고아 깊은 맛이 우러나는 국 요리.

그래, 오늘은 국을 끓여볼까.

다시팩을 꺼내 물과 함께 뭉근히 끓여 육수를 낸다. 보글보글, 육수 끓는 소리를 들으며 무를 채 썰고 명란을 물에 훑어 적당한 크기로 썰어준다. 달걀 푸는 것도 잊지 않고! 무와 명란과 달걀이 짭쪼름한 내음과 함께 끓어오른다. 해가 저물어가며 방은 어두워지지만 내 마음은 밝아져간다.

냉장고에서 상추겉절이와 두부조림을 꺼내고 가운

데에 명란 달걀탕을 올려주니 풍성해 보인다. 행복한 일요일, 갓 끓인 명란 달걀탕을 한 숟가락 떠본다. 다음 주도 열심히 해야지!

ps.

제니는 동네 목욕탕을 찾아
주말을 마무리한다.
뜨끈한 탕에 들어가니
피로가 녹아내린다.

돼지고기 김치찌개

다시 육수 2컵, 돼지고기 앞다리살 2/3컵(150g),
한입 크기로 썬 김치 1컵, 김치국물 1/3컵, 대파 1/4대,
다진 마늘 1t, 고춧가루 1t, 멸치액젓 1/2T

+ 밑간 : 맛술 2T, 후추 약간

다시 육수는 〈국물의 기본,
다시팩(p.144 참고)〉을
참고해서 준비한 것을
이용해도 되고,
앞서 소개해드린
시판용 국물팩을
이용하셔도 돼요.
아니면 즉석에서
국물용 멸치와 다시마를 넣고
육수를 내도 좋고요.
어느 쪽이 됐든,
나한테 맞는 방법을 선택해서
활용하시면 돼요.
이후 다른 레시피에
다시 육수를 사용할 때 모두
동일하게 적용되는 팁이니,
참고해주세요!
멸치액젓이 없다면
소금을 가감해서 간하세요.

1 돼지고기는 밑간 재료를 뿌려 5분간 재워놓고, 대파
는 어슷 썰어주세요.

2 달군 냄비에 돼지고기를 넣고 강불에 볶아주세요.

3 돼지고기 겉면이 익으면 김치와 고춧가루를 넣고 3
분간 중불에 볶아줍니다.

4 다시 육수와 김치국물, 다진 마늘을 넣고 강불에서
끓어주세요. 팔팔 끓어오르면 중불로 낮추고 파를 넣
어 한소끔 끓이고, 멸치액젓으로 간하세요.

부대찌개

Ingredient

사골 육수 2컵, 다진 돼지고기 2/3컵, 통조림 햄 1/2캔,

소시지 1개, 두부 1/3모, 대파 1/5대, 치즈 1장,

라면 사리 1개, 통조림 콩 3T

+ 양념장 : 고춧가루 2T, 다진 마늘 1/2T, 국간장 2T, 맛술 1T,

설탕 1/2T, 후추 약간

+ 밑간 : 맛술 1/2T, 후추 약간

Tip

사골 육수를 준비하는
가장 간단한 방법은
시중에 판매하는 제품을
구입하는 건데요,
마트나 온라인쇼핑몰에
가보면 풀무원이나 오뚜기 등의
회사에서 나온 사골 육수를
구입할 수 있답니다.
물론 집에서 정성을 다해
끓이는 게 가장 건강하고
맛있긴 하겠지만요.

Recipe

1 햄, 소시지, 두부, 치즈는 먹기 좋게 한입 크기로 썰고, 대파는 송송 썹니다.

2 다진 돼지고기는 밑간 재료를 뿌려 재워놓고, 분량의 양념장 재료는 잘 섞어 준비합니다.

3 냄비에 손질한 모든 재료와 돼지고기를 담아주세요.

4 사골 육수에 양념장을 풀어준 뒤, 냄비에 붓고 강불에 끓여주세요.

5 국물이 팔팔 끓어오르면 중불로 낮추고 라면 사리를 추가해 즐겨요.

3

김치 만둣국

Ingredient

다시 육수 2컵, 한입 크기로 썬 김치 3/4컵, 시판 만두 9개,
김치국물 1/4컵, 다진 마늘 1t, 소금 1t, 고춧가루 1t,
대파 흰 부분 약간, 참기름 1t, 청양고추 1/2개.

Tip

김치는 식용유에
볶아도 되지만,
참기름에 볶으면
훨씬 더 맛이 좋아요.

Recipe

1   청양고추는 송송 썰고 대파는 어슷 썰어둡니다.

2   냄비에 참기름을 두르고 김치를 달달 볶다가 김치가
어느 정도 익으면 다시 육수, 김치국물, 고춧가루를
넣고 강불에 팔팔 끓여줍니다.

3   끓어오르면 만두를 넣고, 다시 한 번 끓으면 중불로
낮춰줍니다.

4   다진 마늘과 대파를 넣고 한소끔 끓인 후 소금으로
간하세요. 청양고추를 추가하면 더욱 칼칼하게 즐길
수 있어요.

04

뚝배기 불고기

Ingredient

불고기용 소고기 200g, 다시 육수 1과 1/2컵, 양파 1/4개,
대파 1/5대, 팽이버섯 1/4개, 소금 약간,
표고버섯 1개, 당근 3cm 길이 1개, 당면 한 줌
+ 밑간 : 양파 1/4개, 진간장 2T, 소금 2꼬집, 후추 약간,
다진 마늘 1/2T, 설탕 1/2T, 맛술 1/2T, 콜라 1/5컵

Tip

냉동 불고기팩(p.149 참고)을
이용할 경우
따로 밑간할 필요 없이
팩 하나 분량을
뚝배기에 바로
볶아주면 돼요.

Recipe

1   양파, 당근은 채 썰고, 대파는 한입 크기로 썰고, 표
    고버섯은 편으로 썰고, 팽이버섯은 밑동을 잘라줍니
    다. 당면은 미지근한 물에 불려주세요.

2   밑간용 양파는 갈아서 나머지 재료와 섞고 소고기를
    넣어 재워둡니다.

3   달군 뚝배기에 식용유를 살짝 둘러준 후 소고기를
    강불에 볶아주세요.

4   소고기 겉면이 익으면 다시 육수를 넣고 채소를 넣
    어 끓여줍니다.

5   국물이 어느 정도 졸아들면 버섯과 당면을 넣고 끓
    여주세요. 입맛에 따라 소금을 추가해 간을 맞춰주
    세요.

소고기 미역국

Ingredient

미역 1/4컵, 소고기(양지머리) 1컵, 다시 육수 3컵, 국간장 1/2T,
참기름 1/2T, 멸치액젓 1/2T, 소금 약간

+ 밑간 : 다진 마늘 1/2T, 소금 1꼬집, 후추 약간

Tip

양지머리가
국거리용으로 좋지만,
불고기용 소고기를
사용하셔도 좋아요.
이후 국거리용 소고기를
사용할 때 모두 동일하게
적용되는 팁이니,
참고해주세요!
멸치액젓이 없다면
소금을 가감해서 간하세요.

Recipe

1   미역은 물에 담가 10분 이상 불린 후 흐르는 물에 씻
     고 체에 밭쳐둡니다.

2   고기에 밑간 재료를 넣어 버무려주세요.

3   달군 팬에 참기름을 두르고 고기를 중불에 볶습니다.

4   고기가 어느 정도 익으면 미역과 국간장을 넣고 볶
     다가 미역 색이 진해지면 다시 육수를 넣고 강불에
     서 끓여주세요. 팔팔 끓어오르면 불을 낮추고 은근하
     게 오래 끓이면 더 맛있어요. 액젓과 소금으로 간하
     세요.

소고기 떡국

Ingredient

떡국용 떡 1컵, 소고기(양지머리) 1컵, 사골·육수 2와 1/2컵,
달걀 1개, 김 3장, 대파 약간, 소금·후추 약간씩
+ 밑간: 국간장 1/2T, 참기름 1/2T, 다진 마늘 1/2T

Recipe

1   소고기에 분량의 재료를 넣고 밑간해주세요. 떡은 흐
       르는 물에 한 번 씻어낸 후 체에 밭쳐둡니다.

2   달걀은 풀어서 구워준 후 채 썰어 지단을 만들고, 김
       은 잘게 부숴두고, 대파는 송송 썰어주세요.

3   밑간한 고기를 강불에 볶아주세요.

4   고기가 익으면 사골 육수를 넣고 강불에 끓이다가
       팔팔 끓어오르면 대파를 넣어주세요.

5   다시 끓어오르면 떡을 넣고 중불로 낮춰 끓인 후 소
       금과 후추로 간합니다. 완성되면 지단과 김가루를 올
       려 즐겨요.

07

차돌박이 청국장

Ingredient

청국장 130g, 차돌박이 2/3컵, 두부 1/2모,
한입 크기로 썬 김치 1/3컵, 양파 1/4개, 대파 1/5대,
고춧가루 1/2T, 다진 마늘 1/2T, 다시 육수 1과 1/2컵,
소금 약간, 청양고추 약간

Tip

청국장은 따로 손질이
필요 없기 때문에
끓일 때 잘 풀리라고
손으로 대충 떼어 넣으면 돼요.
청국장은 오래 끓이면
영양소가 파괴되고
쓴맛이 나요.
10분 이상 끓이지
않도록 합니다.

Recipe

1 두부는 한입 크기로 썰고 양파는 채 썰고 대파와 청양고추는 송송 썰어주세요.

2 달군 뚝배기에 식용유를 살짝 두르고 김치와 고춧가루를 넣어 3분간 중불에 볶아줍니다.

3 다시 육수와 양파, 다진 마늘을 넣고 강불에 끓여주세요.

4 끓어오르면 청국장, 대파, 청양고추를 넣고 끓여줍니다.

5 구수한 청국장 향이 올라올 때쯤 중불로 낮추고 두부를 넣은 뒤 소금으로 간합니다.

6 마지막으로 차돌박이를 넣어 한소끔 끓여주면 완성.

  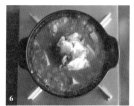

08

국물 닭볶음탕

닭 반 마리, 다시 육수 1과 1/2컵, 양파 1/2개, 대파 1/4대,
감자 1/2개, 다진 마늘 1T, 깻잎 6장
+ 양념장 : 고추장 1.5T, 고춧가루 2T, 다진 마늘 1/2T,
국간장 1.5T, 맛술 1T, 소금 1/2t

Tip

마트에서 판매하는
닭볶음탕용 고기를 사용하면
더욱 편리해요. 닭을 데칠 때는
끓는 물에 닭고기를 넣은 후
물이 파르르 끓어오르고
닭이 하얗게 살짝 익으면서
불순물이 올라오면
건져주면 돼요.

Recipe

1 분량의 재료를 섞어 양념장을 만들어줍니다. 토막 낸
닭은 끓는 물에 데친 후, 흐르는 물에 씻어 물기를 제
거해주세요.

2 감자, 양파, 대파는 큼직하게 썰어둡니다.

3 달군 팬에 식용유를 약간 두르고 다진 마늘과 닭을
강불에 겉면이 노릇해질 때까지 볶아주세요.

4 다시 육수와 양념장을 넣고 강불에 끓여줍니다.

5 끓어오르면 대파, 감자, 양파, 깻잎을 넣고 중불로 낮
춰 뚜껑을 닫고 끓여주세요. 감자가 익고 고기에 양
념이 배일 때까지 충분히 끓여주면 완성. 입맛에 따
라 소금을 추가해 간을 더해서도 좋아요.

09

명란 달걀탕

Ingredient

다시 육수 1과 1/2컵, 달걀 3개, 명란 2쪽, 소금 1/4t,
무 손바닥 반쪽 크기 1개

Tip

무를 넣으면
국물의 시원한 맛이
살아나지만,
없으면 다시 육수만으로도
충분히 만들 수 있어요.

Recipe

1   무는 채 썰고, 달걀은 풀어두고, 명란은 양념을 훑은
    뒤 적당한 크기로 썰어주세요.

2   다시 육수에 무를 넣고 끓여줍니다.

3   무가 익고 끓어오르면 명란을 넣고 중불에서 끓여주
    세요.

4   명란이 어느 정도 익으면 풀어둔 달걀을 가장자리를
    따라 둘러줍니다. 소금으로 간을 맞춰주세요

10

꽁치 김치찜

Ingredient

꽁치 1캔, 꽁치캔 국물 2/3캔, 김치 1/4포기,
다시 육수 2컵, 고춧가루 1/2T, 다진 마늘 1/2T, 대파 약간

Recipe

1   김치는 결을 살려서 길게 썰고, 대파는 어슷 썰어주
         세요.

2   냄비에 김치를 깔고 꽁치, 꽁치캔 국물, 다시 육수,
         고춧가루, 다진 마늘을 넣어 강불에서 끓여줍니다.

3   끓어오르면 5분간 더 끓이다가, 중불로 낮춰 끓여주
         세요. 국물이 어느 정도 졸아들면 중약불로 줄이고,
         대파를 넣은 뒤 국물이 자작해질 때까지 졸여주세요.

오징어 뭇국

Ingredient

손질 오징어 1마리, 다시 육수 2컵, 무 손바닥 크기 1개,
다진 마늘 1/2T, 고춧가루 1/2T, 국간장 1T, 대파 약간,
청양고추 약간

Recipe

1   무는 나박 썰고, 대파와 청양고추는 송송 썰어 준비
    합니다.

2   오징어는 먹기 좋게 한입 크기로 썰어주세요.

3   강불에 육수를 끓입니다. 끓어오르면 무를 넣어 주
    세요.

4   무가 투명하게 익으면, 오징어, 대파, 다진 마늘, 고춧
    가루를 넣고 오징어가 익을 때까지 중불에 끓이세요.
    청양고추와 국간장을 넣고 한소끔 끓여 완성합니다.

12

어묵탕

Ingredient

다시 육수 2컵, 사각 어묵 3장, 작은 어묵 5개, 표고버섯 2개,
국간장 1/2T, 소금 약간, 대파 약간, 당근 3cm 길이 1개

Tip

어묵은 와사비를 푼 간장에
찍어 먹으면 더욱 맛이 좋아요.

Recipe

1   표고버섯은 칼집을 내고, 대파는 어슷 썰고, 당근은
    취향껏 모양을 냅니다.

2   육수에 국간장과 소금을 넣어 간을 맞춰주세요.

3   어묵은 끓는 물에 한 번 데쳐낸 후 체에 밭쳐둡니다.

4   사각 어묵은 반으로 접어 꼬치에 끼우고 두툼한 어
    묵은 바로 끼워주세요.

5   냄비에 모든 재료를 담아낸 뒤 **2**의 육수를 붓고 끓여
    서 즐겨요.

13

표고버섯 두부 된장찌개

Ingredient

다시 육수 1과 1/2컵, 감자 1/2개, 호박 1/8개, 표고버섯 2개,
양파 1/4개, 대파 1/5대, 두부 1/2모, 된장 2T, 다진 마늘 1/2T,
고춧가루 1t, 소금 약간, 청양고추 약간

Recipe

1   모든 재료는 먹기 좋은 크기로 썰어 준비해주세요.

2   다시 육수에 된장을 풀고 강불에 끓여주세요.

3   육수가 끓어오르면 표고버섯과 다진 마늘을 넣어 끓
    여주세요.

4   다시 끓어오르면 감자, 양파, 호박, 대파, 고춧가루를
    넣고 중불에 끓여줍니다.

5   감자가 익으면 두부와 청양고추를 넣고 한소끔 끓인
    뒤, 소금으로 간합니다.

14

가스파초

Ingredient

토마토 2개, 물 1/4컵, 빨강·노랑 파프리카 1/4개씩,
오이 1/2개, 양파 1/8개, 레몬즙 1T, 소금 1/2t,
올리브유 1T, 후추 약간, 마늘 1/4알

Tip

가스파초는 스페인식
차가운 토마토 수프랍니다.
식빵을 잘게 썰어 달군 팬에
바삭하게 구워서 올리면
더 맛있어요.

Recipe

1 모든 재료는 믹서에 갈리기 좋게끔 썰어주세요. 토마
토는 취향에 따라 껍질을 벗겨주셔도 좋아요.

2 믹서에 손질한 재료와 양념을 모두 넣고 갈아주면
가스파초 완성.

15

감자 수프

감자 2개, 양파 1/2개, 대파 1/5대, 물 1컵, 생크림 1/2컵,
우유 1/2컵, 버터 1T, 소금·후추 약간씩

식빵을 잘게 잘라
달군 팬에 구워준 후,
수프에 곁들이면 좋아요.

Recipe

1   감자와 양파는 한입 크기로 깍둑 썰고 대파는 2cm 길이로 썰어줍니다.

2   달군 팬에 버터를 녹인 후 대파, 양파, 감자를 넣어 중불에 3분간 볶아주세요.

3   여기에 물을 넣고 뚜껑을 닫은 다음, 감자가 익을 때까지 중불에 푹 끓여줍니다. 감자를 젓가락으로 찔렀을 때 쏙 들어가면 익은 거예요. 감자가 익으면 불을 끄고 한김 식힌 후, 믹서에 부드럽게 갈아주세요.

4   믹서에 간 감자에 우유, 생크림, 후추를 넣고 약불에 끓여주세요. 취향에 따라 소금으로 간합니다.

16

브로콜리 수프

Ingredient

브로콜리 1/2통, 양파 1/2개, 당근 1/5개, 버터 1조각,
물 1컵, 생크림 1/2컵, 우유 1/2컵, 소금·후추 약간씩

Recipe

1   브로콜리는 밑동을 잘라 분리해두고, 당근은 깍뚝 썰
     고 양파는 채 썰어주세요.

2   팔팔 끓는 물에 소금을 약간 넣고, 브로콜리를 20초
     간 데친 후 체에 밭쳐둡니다.

3   달군 팬에 버터를 녹이고, 브로콜리, 양파, 당근을 중
     불에 볶아주세요. 양파가 투명해지면 물을 넣고 10
     분간 끓입니다.

4   한김 식힌 뒤 믹서에 갈아줍니다.

5   여기에 우유와 생크림을 넣어 약불에 끓여주세요. 소
     금과 후추를 넣어 입맛에 따라 간을 하세요.

17

양파 수프

Ingredient

양파 1과 1/2개, 버터 1T, 물 1컵, 밀가루 1T,
치킨스톡 2t, 생크림 1컵, 소금 약간

Recipe

1   양파는 채 썰어주세요.

2   달군 팬에 버터를 녹이고 중불에 양파를 볶아줍니다.
     양파가 노릇하게 변하면 밀가루를 넣고 1분간 볶아요.

3   물과 치킨스톡을 넣고 10분간 끓여주세요.

4   믹서에 부드럽게 갈아준 후 생크림을 넣고 약불에
     데워줍니다. 입맛에 따라 소금으로 간하세요.

18

단호박 수프

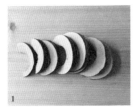  

Ingredient

작은 단호박 1/2통, 우유 1컵, 생크림 1컵, 양파 1/2개,
버터 1T, 소금 2꼬집, 후추 약간

Recipe

1   단호박은 반으로 자른 후 속을 파내고, 적당한 두께
    로 썰어줍니다. 양파는 채 썰어 준비하세요.

2   팬에 버터를 넣고 양파가 투명해질 때까지 중불에
    볶아주세요.

3   접시에 단호박을 펼쳐 담습니다. 랩을 씌워 구멍을
    뚫고 전자레인지에 4분간 돌려주세요. 단호박의 상
    태를 보고 덜 익었으면 2분간 더 돌려줍니다.

4   잘 익은 단호박은 껍질을 벗겨주세요.

5   볶아둔 양파와 단호박, 우유를 믹서에 갈아주세요.

6   냄비에 옮겨 담고 생크림을 넣어 약불에 데운 뒤, 입
    맛에 맞게 소금과 후추를 넣어 간하면 완성.

제 니

이 야 기

"흐읍!"

탁탁타다닥.

도마에서 나는 소리가 부엌을 가득 채웠다. 쉬지 않고 여기저기 움직이자 이마에서 땀이 배어나왔다. 오랜만에 찾아온 연휴였지만 쉬지 않고 일이라니. 평소의 나라면 분통을 터뜨릴 일이지만 오늘은 다르다. 지금 하고 있는 일은 미래를 위한 투자랄까. 자기계발 같은 일이다. 그건 바로 요리.

긴긴 겨울을 준비하는 다람쥐처럼 여유로운 주말에 혹독한 평일을 대비해서 요리를 미리 해둔다. 이렇게 부

지런히 준비한 것들은 바쁜 평일의 요리를 더욱 풍성하게 만든다.

바쁜 날은 못해도, 주말엔 가능하지, 라는 마음으로 다시팩을 만들고 해산물과 채소를 모아서 팩에 담아 냉동실에 보관한다. 버터도 소분한다. 한 덩어리를 다 쓰는 요리는 많이 없으니까 자칫하면 조금만 쓰고 버리기 일쑤다. 조금씩 나눠 얼려두었다가 필요할 때마다 꺼내 쓰면 좋다. 장본 질 좋은 소고기를 소스에 재우고 채소 팩을 만들고 남은 채소를 큼직하게 썰어 카레를 만든다. 만든 카레와 재운 불고기도 냉동실로! 먹고 싶을 때 꺼내서 휘리릭 만들어 먹어야지. 불고기 퀘사디아, 뚝배기 불고기, 카레 우동, 야끼 카레 같은 요리를 순식간에 해낼 수 있다. 냉장고에 그득히 쌓인 걸 보면 마음이 든든하다. 곳간을 가득 채운 농사꾼의 마음이 이러려나. 아무리 바쁜 날이어도 걱정 없다구!

보려고 아껴둔 드라마를 보며 다시팩을 만든다. 가끔씩 어두워진 텔레비전 화면에 그런 내 모습이 비친다. 능숙한 살림꾼처럼 보인다.

은근히 기분이 좋은 걸.

입가에 옅은 미소가 떠오른다.

ps.

드라마를 보다가 잠에 빠진 제니,
꿈속에서 곳간을 가득 채운
다람쥐가 되어 행복해한다.

국물의 기본, 다시팩

앞서도 얘기 드렸지만 국물 요리는 육수를 내야 한
다는 부담 때문에 더 어렵게 느껴지는 것 같아요. 그래
서 저는 일회용 다시팩을 만들어두고 그때그때 활용하
는데요, 시판되는 다시팩을 사서 이용해도 되지만, 직접
육수를 내서 먹고 싶은 사람들을 위해 간단한 방법을 소
개해드릴게요.

무말랭이, 멸치, 황태채, 건새우, 다시마, 마른 표고
버섯을 준비합니다. 다시백도 준비해주세요. 멸치 5마
리, 황태채 3개, 건새우 7마리, 다시마 4cm 길이 1개,

마른표고버섯 1개, 무말랭이 3개가 다시백 하나에 들어
가요. 다시백에 분량의 재료를 넣고 지퍼백에 담아 냉동
보관하면 됩니다. 필요할 때 하나씩 꺼내 물에 바로 넣
고 끓여주세요.

　　보통 물 3컵에 다시백 하나를 넣고 15분 정도 끓이
면 다시 육수가 완성되니, 요리를 할 때 제일 처음 불을
올려놓고 다른 재료를 손질하면 얼추 시간이 들어맞는
답니다.

만들어두면 편리한 해물팩

　　오징어, 새우, 바지락 살, 홍합 등의 해산물을 준비
합니다. 각 해산물을 손질해서 지퍼백에 골고루 담아 밀
봉하고 냉동 보관하면 간단한 해물팩 완성!

홍합。　　　냄비에 물을 팔팔 끓이고 소금 1t를 넣은 뒤 홍합
　　　　　　을 넣어 끓여주세요. 입을 벌리면 건지고 한김 식
　　　　　　혀두었다가 살만 분리해요.

오징어。　　껍질을 벗기고 먹기 좋은 한입 크기로 썰어주세요.

새우와 바지락。 이미 손질된 것을 구매했어요.

　반드시 이 재료가 다 있어야 하거나 이걸로만 만들어야 하는 건 아닌데요. 제가 여러 번 실험 끝에 냉동 보관해도 무리가 없고 다양한 요리에 활용하기 좋은 조합을 말씀드린 거니까 어디까지나 참고해서 응용하시면 돼요. 흐르는 물에 한 번 씻어낸 후 바로 사용해요.

요리가 쉬워지는 채소팩

　대파, 양파, 당근, 애호박 등 갖가지 채소를 준비합니다. 깨끗하게 세척 후 물기를 모두 제거하고 잘게 썰어주세요. 모두 섞어준 뒤 지퍼백에 70g씩 소분해 담아

요. 이후 냉동 보관하고, 필요할 때 바로 사용하시면 돼요. 이렇게 만들어둔 채소팩은 짧은 시간 안에 여기저기 활용하기 아주 좋아요.

같은 방법으로 대파팩과 청양고추팩도 만들 수 있답니다. 요리에 자주 쓰이는 대파나 청양고추도 이런 식으로 잘게 썰어서 따로 지퍼백에 담아 냉동 보관하면 요리가 훨씬 쉬워져요.

한 번에 하나씩, 버터 소분팩 만들기

버터는 필요한 분량만큼만 소분하기가 은근 어렵고

유통기한도 신경 쓰이죠. 자주 쓴다면야 괜찮지만 한두 번 사용하고 냉장고에 처박혀 있는 경우도 많으니까요. 특히 가끔 집밥족들은 더욱 그렇겠죠?

그래서 저는 버터를 소분해서 보관해요. 일부러 날을 잡고 버터 소분팩을 만든다기보다는 다른 냉동팩을 만들 때 곁다리로 해놓으면 요리할 때 편하게 활용할 수 있는 거죠.

우선 칼에 호일을 싸둡니다. 버터를 실온에 30분 정도 둬서 살짝 말랑한 상태가 되면, 한 조각에 5g씩, 작은 크기로 잘라주세요. 이렇게 소분한 버터에 랩을 씌우고 지퍼백에 넣어 냉동 보관하시면 돼요.

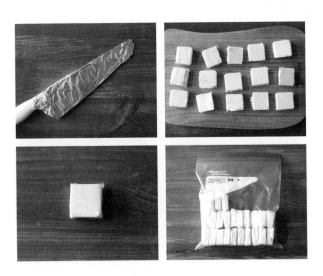

활용하기 좋은 불고기팩

　　냉동 불고기팩은 고기 요리를 먹고 싶은데 장볼 시간
이 없을 때 활용하기 좋은 아이템이에요. 그냥 볶아서 반
찬으로 먹어도 되지만, 뚝배기 불고기, 불고기 파스타,
불고기 퀘사디아 등 이 책에서 소개한 여러 레시피에 바
로 활용할 수 있거든요. 만드는 방법을 알려드릴게요.

재료。　　불고기용 소고기 800g, 양파 1/2개

양념。　　진간장 5T, 소금 1/4t, 다진 마늘 2T, 설탕 2T, 맛술
　　　　　　 2T, 콜라 1/2컵, 후추 약간

만드는 법。 소고기는 먹기 좋은 크기로 썰고 양파는 잘 갈아 준비
하세요. 분량의 양념 재료를 섞은 뒤에 소고기와 간
양파를 넣어 버무려주세요. 1인분(200g)씩 나눠 지퍼
백에 잘 펴서 담아준 후 냉동 보관합니다.

요리할 때는 냉동실에서 꺼내서 실온 해동 후 사용
하시면 돼요.

냉장고 속 비상식량, 카레팩

카레 역시 활용도가 높은 비상식량이죠. 그대로 데
워서 밥에 얹어 먹어도 훌륭하지만 카레 우동, 야끼 카
레 등 역시나 이 책에서 소개한 다양한 레시피에 활용할
수 있답니다. 만드는 방법을 알려드릴게요.

재료。 카레용 돼지고기 100g, 물 2.5컵, 카레 80g, 양파(중
간 크기) 1개, 감자(작은 크기) 1개, 당근 1/4개, 버터
15g, 소금 1꼬집, 후추 약간

만드는 법。 돼지고기는 소금과 후추를 뿌려서 밑간합니다. 양파,
당근, 감자는 깍뚝 썰어주세요. 달군 팬에 감자, 양파,
당근을 볶다가 양파가 투명해질 때쯤 돼지고기를 넣

고 볶아주세요. 돼지고기의 붉은 색이 사라지면 물을

붓고 감자가 익을 때까지 끓여주세요. 그 다음 카레를

넣고 끓이다가 걸쭉해지면 버터를 넣어 끓이면 완성.

카레는 완전히 식힌 후 1인분(200g)씩 소분해 지퍼

백에 담아 냉동시켜요. 하나씩 꺼내 살짝 녹았을 때 우

유나 물을 조금만 넣고 데우시면 된답니다.

Chapter 3.

반찬을

만들자

제 니

이 야 기

띵땅떠띵떠떠띵땅땅.

전화벨이 울린다. 아직 더 자고 싶은데… 일요일에
는 자야 된다고….

떠리띵땅땅.

졸리단 말이야. 이따가 언니 집들이도 가야 한다고.
그러니 조금 더 자면서 체력을 회복… 집들이…?

집들이!

얼마 전 직장에서 친하게 지내는 언니가 이사를 했
고 이번 주 일요일엔 새집을 보여주겠다며 초대를 했던
것이다. 시간을 보니 벌써 오후 1시였다. 저녁 약속이라

시간은 충분했지만 선물을 준비하려면 시간이 걸리니까 서둘러 일어났다.

미리 사둔 진미채와 멸치를 꺼냈다. 넉넉한 양을 준비해서 식탁이 가득 찼다.

집들이 선물은 바로 집반찬 세트! 언니에게 요리를 시작했다고 말하니 자기도 집에서 밥 먹는 일이 거의 없다며 부러워했다.

진미채를 흐르는 물에 씻고 물기를 제거하는 동안 멸치를 체에 걸러 부스러기를 털었다. 그리고 간장과 다진 마늘을 섞어서 소스를 만든다. 예전엔 감자 하나만 볶아도 헤맸는데 이제는 손에 익어 두 가지 요리도 척척 해내는 스스로가 자랑스럽다.

하얀 쌀밥에 진미채 볶음을 올려 왕 하고 먹을 언니를 생각하니 기분이 좋다. 참 신기하게도 요리를 해서 누군가에게 줄 때면 내 마음은 더 따뜻해진다. 간장 닭조림을 만들면 닭다리는 앞에 있는 사람에게 양보하고 싶은 마음이 든다. 내가 만든 요리가 상대에게 맛있는 집밥이 되어주면 행복하기 때문일까.

프라이팬에 올려 둔 소스가 파르르 끓어오른다. 멸치와 견과류를 넣고 휘리릭 볶는다. 고소한 향이 코에 훅 끼친다.

완성된 진미채 볶음과 멸치 볶음을 새벽 공기처럼 투명한 보관용기에 담으며 생각한다. 모든 사람이 요리를 조금씩 한다면, 세상은 조금 더 행복해지겠지!

ps.

언니는 반찬 선물을 너무 좋아했고 일주일 내내 먹었다고 한다.

간장 닭조림

Ingredient

닭 반 마리, 후추 약간, 대파 1/8대

+ 양념장 : 진간장 3T, 설탕 2.5T, 생강가루 1/4t, 맛술 3T,
다진 마늘 1/2T, 물 1/3컵

Recipe

1 파는 송송 썰고 닭은 포크나 칼로 콕콕 찌른 후 후
   추를 뿌려둡니다. 분량의 재료를 섞어 양념장을 만
   듭니다.

2 달군 팬에 식용유를 살짝 두르고 강불에 닭고기를
   구워요.

3 노릇하게 익으면 대파와 양념장을 넣고 중불로 끓여
   주세요.

4 닭고기에 양념이 배이도록 약불에 충분히 졸여주면
   완성이에요.

02

두부 김치

한입 크기로 썬 김치 3/4컵, 두부 1/2모, 다진 마늘 1/2T,
고춧가루 1/2T, 설탕 1T, 참기름 1t, 식초 1t, 대파 1/8대

Recipe

1   대파는 송송 썰고, 두부는 한입 크기로 썬 후 끓는 물
     에 3분간 데쳐 준비해주세요.

2   달군 팬에 식용유를 살짝 두르고 김치와 설탕, 식
     초를 넣어 중불에 살짝만 볶아줍니다.

3   다진 마늘, 고춧가루, 대파를 넣고 김치가 푹 익을
     때까지 볶다가 불을 끄고 참기름을 둘러주면 완성
     이에요.

03

굴전

Ingredient

굴 2컵, 달걀 2개, 소금 1/4t, 부침가루 3T,
대파 1/4대, 당근 약간

Tip

굴을 손질할 때는
굵은소금에 살살 흔들어가며
흐르는 물에 헹궈준 후,
체에 밭쳐 물기를 빼주세요.

Recipe

1 당근과 대파는 다져주세요.

2 달걀을 풀고 소금과 다진 채소를 넣어 섞어줍니다.

3 비닐봉투에 굴과 부침가루를 넣고 흔들어가며 코팅
   시키듯 묻혀줍니다.

4 굴에 달걀물을 묻힌 뒤 달군 팬에 식용유를 두르고
   노릇하게 중불에 구워주면 완성!

04

토마토 달걀 볶음

토마토 1개, 달걀 2개, 대파 1/8대, 소금 4꼬집, 후추 약간

Recipe

1   대파는 잘게 다지고, 토마토는 먹기 좋은 크기로 썰
    어주세요.

2   달걀은 풀어준 후, 소금 2꼬집을 넣어 섞어주세요.
    달군 팬에 식용유를 두르고 중불에 달걀을 부어 밑
    면이 살짝 익으면, 젓가락으로 휘저어가며 스크램블
    에그를 만든 뒤 따로 담아두세요.

3   식용유를 살짝 두른 팬에 대파를 볶아줍니다. 향이
    나면 토마토를 중불에 볶다가 소금 2꼬집과 후추를
    넣어주세요.

4   여기에 준비해둔 스크램블 에그를 넣어 약불에 한
    번 더 볶아주면 완성이에요. 소금을 더해 취향껏 간
    을 맞춰주셔도 좋아요.

05

크래미 달걀말이

달걀 4개, 시판 크래미 3개, 소금 1/4t

Recipe

1   노른자와 흰자를 분리한 후 각각 소금 2꼬집씩 넣어
    주고, 크래미를 얇게 찢어 흰자 물에 넣어줍니다.

2   달군 팬에 식용유를 살짝 두르고 약불에 흰자를 조
    금씩 부어가며 말아주세요.

3   돌돌 말아준 후 완전히 익혀서 따로 담아둡니다.

4   달군 팬에 식용유를 살짝 두른 뒤 약불에 노른자 물
    을 살짝 붓고 가장자리가 익으면 흰자를 올리고 말
    아주세요.

5   노른자 물을 한 국자씩 추가하며 돌돌 말고 완전히
    익혀주세요.

06

햄 달걀말이

Ingredient

달걀 4개, 통조림 햄 1/3캔, 소금 1/2t, 물 2T

Recipe

1   달걀에 소금과 물을 넣고 충분히 풀어줍니다.

2   햄은 달걀말이 사이즈를 생각해서 두툼하게 썰어주
    세요.

3   달군 팬에 식용유를 두르고 약불에 달걀물을 한 국
    자씩 부어줍니다. 달걀 밑면이 살짝 익으면 햄을 올
    리고 아래서부터 말아주세요.

4   나머지 달걀물을 한 국자씩 나눠 붓고 반복해 말아
    줍니다. 중간중간 꾹꾹 눌러주며 햄과 달걀을 잘 붙
    여주세요.

호두 멸치 볶음

멸치 두 줌(100g), 호두 한 줌(50g), 참기름 1/2T, 통깨 1/2T

+ 소스 : 진간장 2T, 물엿 2T, 설탕 1T, 맛술 2T, 다진 마늘 1/2T

Recipe

1   멸치는 체에 한 번 걸러 부스러기를 털고, 호두는 먹기 좋게 썰어주세요.

2   달군 팬에 식용유를 두르고 중불에 멸치를 볶은 후 따로 담아둡니다.

3   분량의 재료를 섞어 만든 소스를 약불에 바르르 끓여주세요.

4   불을 끄고 멸치와 호두를 넣어 잘 버무린 후 참기름을 두르고 통깨를 뿌려 마무리 해주세요.

08

진미채 볶음

Ingredient

진미채 두 줌(100g), 마요네즈 2T, 참기름 1/2t, 통깨 약간

+ 소스 : 진간장 2T, 물 1T, 다진 마늘 1/2T, 물엿 3T

Recipe

1 진미채는 흐르는 물에 한 번 씻어낸 후 물기를 제거하고 마요네즈를 넣어 버무립니다.

2 분량의 재료를 섞어 만든 소스를 약불에 파르르 끓어주세요.

3 불을 끄고 진미채를 넣어 잘 섞은 뒤 참기름과 통깨를 뿌려 마무리해주세요.

09

가지 튀김 절임

Ingredient

가지 2개, 무 약간

+ 소스 : 다시 육수 1컵, 진간장 4T, 설탕 1T, 맛술 3T

Tip

일본식 채소 튀김 절임이라
재워두는 시간이 필요하니,
전날 만들어놓고
다음날 즐기면 딱이에요.
가지를 튀길 때는
껍질 부분이 아래로 가게 해서,
중불에서 2분 정도
튀겨주세요.

Recipe

1   분량의 소스 재료를 섞어 강불에 파르르 끓인 후 식
    혀주세요.

2   가지는 반으로 자른 후 다시 4등분해서 칼집을 내줍
    니다.

3   팬에 식용유를 넉넉히 붓고 가지를 튀겨주세요.

4   튀긴 가지는 식힘망 등에 올려 기름을 털어줍니다.
    소스를 부어 3시간 정도 재워주면 완성이에요. 무를
    갈아서 올려 먹으면 더 맛있어요.

10

감자 명란 볶음

Ingredient

감자 2개, 명란 1쪽, 양파 1/2개, 버터 2T, 소금 1/4t, 후추 약간

Recipe

1   명란은 속만 발라놓고, 양파는 채 썰어주세요.

2   감자는 채 썰어 찬물에 5분 정도 담갔다가 물기를 빼
    줍니다.

3   달군 팬에 버터 1T를 녹이고 물기를 뺀 감자를 중불
    에 살짝 볶다가, 양파, 소금, 후추를 더해 볶아주세요.

4   감자가 익으면 명란을 넣고 볶아주세요. 명란 색이
    변하면 불을 끄고 남겨둔 버터 1T를 넣은 뒤 잔열로
    녹여 잘 버무려주세요.

11

두부 조림

Ingredient

두부 1/4모, 양파 1/4개, 대파 1/5대

+ 양념장 : 진간장 2T, 다진 마늘 1T, 고춧가루 1/2T,
설탕 1T, 물 4T

Recipe

1   두부는 먹기 좋게 한입 크기로 썰고, 양파와 대파는
    잘게 썰어주세요.

2   분량의 재료를 섞어 양념장을 만들고 대파와 양파를
    섞어둡니다.

3   달군 팬에 식용유를 살짝 두르고 두부를 중불에 구
    위주세요.

4   두부가 노릇해지면 만들어둔 양념장을 끼얹고, 양념
    장이 두부에 배어들도록 약불에서 졸여줍니다.

12

상추 겉절이

상추 10장, 양조간장 1/2T, 고춧가루 1/2T, 설탕 1t,
참기름 1t, 깨소금 약간

Recipe

1   상추는 먹기 좋은 크기로 적당히 썰어둡니다.

2   나머지 재료를 넣고 버무려줍니다.

13

토마토 김치

Ingredient

토마토 2개, 양파 1/4개, 부추 한 줌(70g)

+ 양념장 : 고춧가루 2T, 멸치액젓 1T, 매실액 1/2T, 식초 1T,
설탕 1/2T, 다진 마늘 1/2T, 깨소금 1/2T, 소금 1/4T

Tip

매실액이 없다면
올리고당으로
대체하셔도 돼요.

Recipe

1   양파는 채 썰고 토마토와 부추는 먹기 좋은 크기로
        썰어주세요.

2   분량의 재료를 섞어 양념장을 만들어요.

3   부추, 토마토, 양파, 양념장을 넣고 버무려주세요

14

무생채

Ingredient

무 1/3개(520g), 소금 1T, 통깨 약간

+ 양념 : 고춧가루 1.5T, 까나리액젓 1T, 다진 마늘 1/2T,
설탕 1.5T, 식초 1T

Tip

고춧가루를 먼저 넣고
버무리면
색감이 더욱
먹음직스러워요.

Recipe

1 무는 얇게 채를 썬 뒤 소금을 뿌려 5분간 절였다가
물기를 짜서 준비해주세요.

2 무에 고춧가루를 넣고 버무립니다.

3 나머지 양념 재료를 넣고 버무린 다음, 마지막에 통
깨를 올려 마무리해주세요.

부추 무침

부추 두 줌(150g), 양파 1/2개

+ 양념 : 양조간장 3T, 고춧가루 1T, 다진 마늘 1/2T,
매실액 1T, 식초 1T, 설탕 1T, 통깨 약간

Recipe

1   부추는 깨끗하게 씻은 후 5cm 길이로 썰고, 양파는
     채 썰어주세요.

2   부추와 양파를 볼에 담고 분량의 양념 재료를 넣어
     버무려주세요.

16

부추전

Ingredient

부추 두 줌(150g), 양파 1/4개, 튀김가루 1/3컵,
부침가루 2/3컵, 물 1과 1/3컵, 당근 5cm 길이 1조각

Recipe

1   부추, 당근, 양파는 채 썰어 준비합니다.

2   튀김가루와 부침가루를 섞고 물을 조금씩 넣어 농도
     를 맞춰주세요. 주르륵 흐르는 정도가 적당합니다.

3   썰어둔 부추, 양파, 당근을 반죽에 섞어주세요.

4   달군 팬에 식용유를 넉넉하게 두른 후 반죽을 얇게
     펴 중불에서 노릇하게 구워주세요.

17

양배추 절임

Ingredient

한입 크기로 썬 양배추 1과 2/3컵(250g), 오이 1/2개,
소금 1t, 다시마 7cm 길이 1장

Recipe

1   양배추와 오이는 한입 크기로 먹기 좋게 썰고, 다시
     마는 얇게 채 썰어 준비합니다.

2   지퍼백에 모든 재료를 담고 소금을 넣어 잘 섞은 뒤
     주물러주세요.

3   약간의 물이 생기면 지퍼백을 밀어가며 공기를 빼고
     밀봉합니다. 무거운 것을 올려서 2시간 정도 두세요.

4   재료를 꺼낸 뒤 물기를 짜내고 즐겨요.

18

햄카츠

작은 통조림 햄 1캔, 밀가루 1/3컵, 달걀 1개, 빵가루 1/3컵

튀김하기에
적당한 온도는 170도에요.
중불에 기름을 예열하고,
나무젓가락을 넣었을 때
기포가 보글보글 올라오면
불을 중약불로 낮춰
온도를 유지해주세요.
튀김을 다 하고 남은 기름을
잘 처리하는 것도 중요해요.
식은 기름은
우유곽 등에 부어준 후,
키친타월이나 신문지 등을 넣어
흡수시켜주세요.
그리고 쓰레기통에
넣어 버리시면 된답니다.

1   햄은 두툼하게 썰고 달걀은 깨서 잘 풀어둡니다.

2   햄에 밀가루, 달걀물, 빵가루 순으로 튀김옷을 입혀
주세요.

3   달군 기름에 노릇하게 튀겨주세요.

Special page 03

만사 귀찮은 날엔

통조림으로 뚝딱 레시피

제니 이야기

마트에 갔다가 통조림을 잔뜩 사와 버렸다. 어쩜 그렇게 맛있어 보이게 만들었는지. 통조림이 쏟아질 것처럼 진열된 코너를 지나치지 못했다. 햄을 구워서 하얀 쌀밥에 올려서 나눠주는 시식 코너 탓이었을까. 윤기가 흐르는 옥수수를 자랑스레 내미는 듯한 녹색 거인 아저씨에게 홀렸을지도 모르고. 두툼두툼해서 단백질이 가득할 것 같은 참치 살코기도 맛있어 보였다. 대체 통조림은 누가 만든 거야!

어쨌든 중요한 건 우리집 찬장에 통조림이 가득 쌓였다는 사실이다.

뭐, 통조림은 그냥 먹어도 맛있으니 먹는 게 어렵지는 않다. 하지만 따뜻한 집밥을 그리워하며 요리사의 길을 걷기 시작한 제니에게는 어울리지 않는단 말씀이지. 한창 요리에 불이 붙었는데!

잠깐. 통조림으로 요리를 하면 되잖아?

그래. 그러면 된다. 통조림을 활용해서 간단한 요리를 만들면 된다. 만사 귀찮은 날엔 통조림을 활용해 요리를 만드는 게 최고다.

참치 살코기를 넣어 오물조물 만드는 주먹밥, 두툼한 햄을 척척 썰어서 만드는 오니기라즈, 닭가슴살을 볶아서 만드는 치킨 누들 등. 어느새 입에 침이 고이기 시

작한다. 통조림으로도 훌륭한 요리를 만들 수 있다. 통
조림이 가득한 찬장을 다시 보니 금과 은으로 꽉 찬 광
산처럼 보인다.

　광부의 마음으로 결연하게 캔옥수수를 캐냈다. 마요
네즈를 버무리고 치즈를 올려서 콘치즈를 만들고 거기
에 곁들이는 시원한 맥주 한 잔. 고소한 콘치즈 한입. 맥
주 한 잔 더. 한 잔 더. 한 잔 더….

　왜 술 마시고 노는 건 귀찮지가 않은 걸까.

ps.

술에 취한 제니에게

나폴레옹이 보인다.

"통조림은 내가 만들었다!"

참치 통조림 레시피

언제나 요리에 유용한 참치 통조림! 아미노산과 불포화지방산이 풍부해 건강에도 좋아요. 밥과 함께 조물조물 만들어 먹기 좋은 김밥과 주먹밥을 소개합니다.

와사비 참치 김밥

Ingredient   밥 1공기, 김밥용 김 1장, 작은 통조림 참치 1캔, 마요네즈 2T, 와사비 약간

Seasoning   소금 1/4t, 참기름 1/2t, 통깨 1/2T

Recipe   참치는 기름을 빼고 마요네즈를 넣어 잘 섞고, 밥은 양념 재료를 넣어 두루 섞어주세요. 김에 밥을 넓게 펴고 참치를 올려주세요. 취향껏 와사비를 올려준 후 돌돌 말면 완성.

참치 주먹밥

Ingredient   밥 2공기, 통조림 참치 1캔, 김 8장, 마요네즈 3T,
                   통깨 2T, 와사비 약간

Seasoning   참기름 1T, 소금 1/4t

Recipe   참치는 기름을 빼고 김은 비닐봉투에 넣은 다음 손으로 비벼서 잘게 잘라줍니다. 밥에 양념 재료를 넣고 가르듯 섞어주세요. 그 다음 참치, 마요네즈, 와사비, 김, 통깨를 넣고 잘 섞어줍니다. 한입 크기로 동그랗게 만들거나 삼각모양으로 만들면 완성.

∘ 단무지가 있다면 조금 썰어 넣어보세요. 식감이 살아나요.
∘ 김가루를 올리거나 김을 붙여줘도 좋아요.

햄 통조림 레시피

짭조름한 햄 통조림이 있다면 반찬 걱정은 없죠! 그냥 구워 먹어도 좋지만 간단하게 요리로 만들면 더욱 맛있어요. 마법처럼 맛을 살려주는 레시피에요.

묵은지 햄초밥

Ingredient	통조림 햄 2/3캔, 밥 1공기, 묵은지 약간, 참기름 1/2T
Seasoning	소금 2꼬집, 통깨 1/2T, 참기름 1/2T
Recipe	묵은지는 흐르는 물에 살짝 씻어낸 후 송송 썰고 참기름에 버무립니다. 밥은 양념 재료를 넣어 잘 버무리고, 햄은 도톰하게 썰어 달군 팬에 노릇하게 구워주세요.

깨끗하게 씻은 통조림 캔에 랩을 깔아준 후 밥을 꾹꾹 눌러 담아주세요. 그 위에 묵은지를 올리고 햄으로 덮어준후 랩을 씌워 모양을 잡으면 완성.

◦ 김과 치즈로 장식해보세요.

햄 주먹밥

Ingredient   밥 1공기, 달걀 1개, 통조림 햄 1/3캔, 마요네즈 1T,
김밥용 김 1장, 치즈 1장, 상추 약간

Seasoning 소금 1/4t, 참기름 1/2t

Recipe 밥에 양념 재료를 넣고 슥슥 자르듯 섞고 햄과 달걀은 구
워주세요. 김에 사각형으로 모양을 잡은 밥을 대각선으로
올려주세요. 그 위에 햄과 달걀, 상추를 순서대로 올리고
마요네즈를 바른 뒤 다시 밥을 덮어요. 선물을 포장하듯
김의 끝부분을 잡고 밥을 덮어준 후, 랩으로 꽁꽁 싸서 모
양을 잡아줍니다. 자르면 예쁜 단면이 나와요

닭가슴살 통조림 레시피

　몸이 안 좋을 때, 단백질 보충이 필요하죠. 닭가슴살 통조림을 활용해 쉽게 만드는 보양식이에요. 닭죽과 닭 국수로 원기회복 어떠신가요.

닭죽

Ingredient　통조림 닭가슴살 1캔(90g), 밥 1공기, 물 2컵, 양파 1/4개,
　　　　　　　대파 1/5대, 소금 1/4t, 후추 약간.

　　　　　　　당근 3cm 길이 1개, 다시마 1장

Recipe　　　양파, 대파, 당근은 잘게 썰어서 달군 팬에 식용유를 살짝
　　　　　　　두르고 볶아주세요. 채소가 어느 정도 익으면 닭가슴살을

넣고 소금과 후추를 넣어 볶다가 어느 정도 익으면 물과
다시마를 넣고 끓여주세요. 끓어오르면 밥을 넣고 중불에
서 퍼질 때까지 끓여줍니다

◦ 입맛에 따라 소금으로 간하세요.

닭국수

Ingredient   통조림 닭가슴살 1캔(90g), 물 2컵, 라면 1개,
애호박 3cm 길이 1개, 양파 1/4개, 대파 1/8대,
버터 1조각, 소금 1/4t, 참기름 1t, 후추 약간,

다시마 1장, 당근 3cm 길이 1개

Recipe 채소는 잘게 썰어서 달군 팬에 버터를 녹이고 볶아주세요. 양파가 투명해지면 닭가슴살과 소금, 후추를 넣어 빠르게 볶다가 물과 다시마를 넣고 강불에서 끓여요. 팔팔 끓면 중불로 낮추고 육수가 어느 정도 우러날 때까지 끓여주세요 (약 8분). 다시마를 건지고 라면을 넣어 강불에 끓이다가 라면이 익으면 그릇에 옮겨 담고 참기름을 살짝 뿌려 먹어요.

옥수수 통조림 레시피

간식은 후다닥 만들어야 제맛이죠! 만드는 시간 대
비 만족도 높은 옥수수 통조림 요리를 소개해요. 특히
콘치즈는 야식으로 맥주와 함께 즐기기 좋아요.

콘샐러드

Ingredient 옥수수캔 10T, 양배추 손바닥 크기 1덩이,
작은 양파 1/4개, 마요네즈 4T, 설탕 1/2T, 레몬즙 1/2t,
소금·후추 약간, 당근 1/10개

Recipe 양배추, 양파, 당근은 잘게 썰어주세요. 양파는 찬물에 담
가 매운맛을 뺀 뒤 물기를 제거합니다. 볼에 모든 재료를
넣고 섞으면 완성. 빵과 곁들여 즐겨요.

콘치즈

Ingredient 옥수수캔 10T, 모차렐라치즈 1T, 설탕 1/2T, 마요네즈 1T, 후추 약간, 버터 약간, 양파 1/8개

Recipe 옥수수는 물기를 제거하고, 양파는 잘게 다져줍니다. 옥수수, 양파, 마요네즈, 설탕, 후추를 넣고 섞어주세요. 달군 팬에 버터를 녹이고 섞어둔 옥수수를 올립니다. 그 위에 모차렐라치즈를 얹고 뚜껑을 닫은 다음 중불에서 치즈를 녹여주세요.

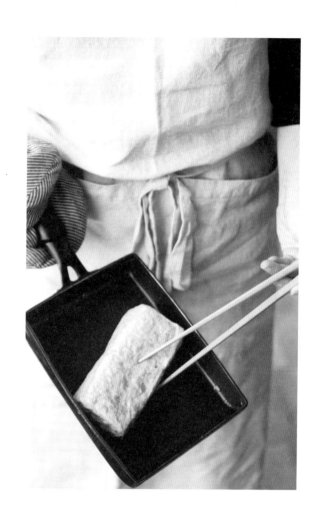

Chapter 4.

가
끔
은

———————

~~~~~~~~~

면
이

떠
올
라

제 니

이 야 기

8월의 무더위가 찾아온 여름밤. 퇴근하는 발걸음이 가벼워야 하는데 끈적한 여름 공기가 무겁게 달라붙는다. 해가 지고도 이렇게나 덥다니 여름은 여름인가 보다. 가뜩이나 힘든 하루가 날씨 때문에 더욱 지쳐간다. 힘 빠진 당나귀처럼 걷고 있자니 당장에라도 쓰러질 것 같았다. 집에 도착하자마자 침대에 벌러덩 쓰러졌다.

　노오란 꽃이 끝없이 늘어선 해바라기 밭. 사방에서 시원하게 울어대는 매미들. 평상에 누워 햇볕을 쬐고 있는 꿈을 꾸었다. 초등학교 여름방학, 시골 할머니집에서 보내던 며칠이 기다려지던 가장 큰 이유는 바로….

사각사각.

부엌에서 들려오는 오이 써는 소리. 그 소리가 무척 시원해서 여름임을 잊곤 했다. 후루룩 들이키는 시원한 비빔국수. 그 매콤상콤한 맛이 떠올라 눈이 떠졌다. 정신을 차리고 부엌으로 달려갔다.

국수를 삶고 비빔장을 만들고 오이를 썰었다. 바삭해 보이는 만두와 통통한 삶은 달걀이 빠지면 섭섭하지. 보기만 해도 몸이 시원해지는 각진 얼음도 올려주고!

순식간에 만두 비빔국수를 완성했다.

비빔국수를 돌돌 말아 만두를 올려 한 젓가락 호로록 먹었다. 아, 시원하다. 더위에 절여졌던 몸이 한결 상쾌하다. 몸 전체로 시원한 기운이 퍼진다. 면 하나가 나를 이렇게나 행복하게 만들어주다니.

가끔은 면이 생각난다. 매콤달콤 비빔국수, 상큼한 샐러드파스타, 담백하고 시원한 콩국수 등은 더운 여름날 지친 피로를 풀어준다. 비단 여름뿐만이 아니다. 추위가 매서운 겨울엔 꽁꽁 얼어버린 몸을 녹여주는 장칼국수, 잔치국수, 된장국수가 기다린다. 어느 계절이든 잠 못 이루는 밤엔 쫄볶이, 알리오올리오, 크림우동이 우리를 달래준다. 시원한 맥주까지 곁들이면 최고겠지.

"매일 매일 면 요리만 먹고 싶어!"

나는 어린아이처럼 소리쳤다. 너무 더워 피곤했던
하루도 비빔국수 덕분에 행복하게 마무리.

ps.

다음날 일어나서
상쾌해 하는 제니.
입맛을 다신다.

01

골뱅이 비빔국수

골뱅이 1/2컵, 소면 한 줌, 양파 1/4개, 당근 1/8개,
양배추 1장, 소금 1t, 채 썬 피클 2T

+ 양념장 : 고추장 1.5T, 고춧가루 1T, 식초 2T,
양조간장 1T, 설탕 1T, 참기름 2T

소면을 삶을 때는
물 1L와 소금 1t를
준비해주세요.
팔팔 끓는 물에 소금을 넣고
면을 넣으면 돼요.
끓어오르면 찬물 1/2컵을
넣어줍니다. 이 과정을
두 번 반복하세요.
삶아진 소면은 차가운 물로
여러 번 헹군 다음
체에 밭쳐둡니다.

1   당근, 양파, 피클, 양배추는 얇게 채 썰고, 양파는 물
    에 담가 매운맛을 뺀 뒤 물기를 제거합니다.

2   골뱅이는 건져 먹기 좋은 크기로 썰고 분량의 재료
    를 섞어 양념장을 만들어주세요.

3   썰어둔 채소와 골뱅이에 양념장을 넣어 버무려줍니다.

4   소면을 삶은 뒤 양념 골뱅이를 올리고 비벼 먹어요.

02

만두 비빔국수

Ingredient

소면 한 줌, 만두 5개, 양배추 약간, 당근약간

+ 양념장 : 고추장 1.5T, 고춧가루 1T, 식초 2T,
양조간장 1T, 설탕 1T, 참기름 2T

Tip

소면을 삶는 법은
219쪽 팁을
참고하세요.

Recipe

1   양배추와 당근은 얇게 채 썰고, 분량의 재료를 섞어
    양념장을 만들어줍니다.

2   소면을 잘 삶아주세요.

3   소면, 양념장, 채 썬 채소의 절반을 잘 섞어주세요.

4   만두는 노릇하게 구워줍니다. 국수와 만두, 나머지
    채소를 살며시 올려 예쁘게 플레이팅해요.

쫄면

Ingredient

쫄면 한 줌, 양배추 1/10개, 오이 1/5개, 식초 1t,
콩나물 한 줌, 당근 1/5대

ㆍ소스 : 고추장 1.5T, 고춧가루 1T, 식초 3T,
양조간장 1.5T, 설탕 2T, 참기름 2T

Tip

콩나물을 잘못 데치면
비린내가 날 수 있으니,
뚜껑을 덮지 말고
데쳐주세요.

Recipe

1 당근, 오이, 양배추는 채 썰어 준비하고 분량의 재료
를 섞어 소스를 만들어주세요.

2 콩나물은 팔팔 끓는 물에 살짝 데친 후(3분~5분) 차
가운 물에 씻어 낸 후 체에 밭쳐둡니다.

3 쫄면은 팔팔 끓는 물에 식초 1t를 넣고 삶아주세요. 2
분 30초~3분간 삶은 후 차가운 물에 비벼 헹구고 체
에 밭쳐 물기를 제거합니다. 면에 소스를 붓고 채소
를 그릇에 담으면 완성. 취향에 따라 달걀을 삶아 함
께 즐겨도 좋아요.

04

샐러드 파스타

Ingredient

파스타 한 줌, 샐러드채소 두 줌, 통깨·후추 약간씩,
오이 1/3개, 올리브 5개, 토마토 1/2개
+ 소스 : 양조간장 3T, 올리브유 1T, 발사믹식초 1.5T,
다진 마늘 1/2T, 설탕 1.5T

Tip

대형마트의
신선제품 코너에 가면
'샐러드채소'라고 이름 붙여진
제품들을 판매하고 있죠.
보통 양상추와 양배추,
케일, 치커리 등이 섞여있는데,
따로 구입하기 애매하다면
양상추를 이용하셔도
충분해요.

Recipe

1 샐러드채소는 먹기 좋게 손질해두고, 오이는 편으로
얇게 썰고, 토마토는 한입 크기로 등분해주세요. 올
리브도 얇게 썰어주세요.

2 분량의 재료를 섞어 소스를 만듭니다.

3 파스타 면은 팔팔 끓는 물에 소금을 약간 넣고 삶아
준 후, 건져 체에 밭쳐둡니다.

4 파스타 면에 소스의 반을, 채소에 나머지 반을 넣고
버무린 후 잠시 두세요. 파스타 면에 소스가 배어들
면 채소를 버무려 함께 즐겨요.

05

두유 두부 콩국수

두부 1/3모, 두유 1과 1/4컵, 소면 한 줌, 견과류 한 줌,
소금 2꼬집, 오이 약간, 방울토마토 1개

소면 삶는 법은
219쪽 팁을 참고해주세요.
견과류는 마른 팬에
한 번 볶아 사용하면
더욱 고소해요.
두유는 삼육두유의
고소한 맛을 사용했어요.
입맛에 따라 설탕을
추가하셔도 좋아요.

1 방울토마토는 반으로 자르고 오이는 채 썰어 준비합
니다. 두부는 믹서에 갈기 좋게 적당한 크기로 잘라
주세요.

2 소면을 삶아주세요.

3 믹서에 두부, 두유, 견과류, 소금을 넣고 갈아주세요.
삶은 소면에 콩국물을 붓고 방울토마토와 오이를 얹
으면 완성.

06

해물 볶음우동

Ingredient

모둠 해물 1컵 , 시판 우동 면 한 봉지, 양파 1/4개, 다진 마늘 1/2T.
청경채 한 줌, 빨강·노랑·초록 파프리카 1/6개씩, 표고버섯 1개
+ 소스 : 굴소스 1T, 진간장 1/2T, 맛술 1/2T,
고춧가루 1t, 물 1/2T

Tip

냉동 해물팩(p.145 참조)을
미리 만들어뒀다면,
해물팩 1봉지를
흐르는 물에 씻어준 후
체에 밭쳐 물기를 제거하고
사용하시면 돼요.

Recipe

1   파프리카는 채 썰고, 양파와 표고버섯은 편으로 얇게
    썰어주세요. 청경채는 밑동을 잘라줍니다.

2   모둠 해물은 재료에 따라 알맞게 손질해서 한입 크
    기로 잘라 준비합니다.

3   우동 면은 끓는 물에 살짝 데친 후 체에 밭치고, 분량
    의 재료를 섞어 소스를 만들어주세요.

4   달군 팬에 식용유를 두르고 중불에 다진 마늘을 볶
    다가 마늘 향이 올라오면 양파를 볶아주세요. 양파가
    투명해지면 파프리카와 표고버섯을 볶다가 청경채
    를 넣어주세요.

5   청경채의 숨이 살짝 죽으면 모둠 해물을 넣고 강불
    에 볶아줍니다.

6   해물이 익으면 우동 면과 소스를 넣고 빠르게 볶아
    주세요.

07

크림 우동

Ingredient

시판 우동 면 한 봉지, 감자 1/3개,
물 1컵, 생크림 1/2컵, 우유 1/2컵, 파르메산 치즈가루 2T,
소금·후추 약간씩, 애호박·당근·양파·가지 3cm 길이 1조각씩

Recipe

1   감자와 양파는 깍뚝 썰고 애호박, 당근, 가지는 등분
한 다음 편으로 썰어주세요.

2   달군 팬에 감자를 먼저 중불에 볶다가 겉면이 익으
면 나머지 채소와 소금, 후추를 넣고 볶아주세요.

3   양파가 투명해지면 물을 붓고 끓여주세요.

4   감자가 익으면 생크림과 우유, 파르메산 치즈가루를
넣고 약불에 끓여주세요.

5   끓는 물에 우동 면을 30초간 데치고 체에 밭쳐 물기
를 뺀 후, 크림소스에 우동 면을 넣고 면이 완전히 익
을 때까지 끓여주면 완성. 입맛에 따라 소금으로 간
해주세요.

08

카레 우동

Ingredient

카레 200g, 시판 우동 면 한 봉지, 우유 1/5컵,
토마토소스 1T, 고춧가루 약간

Tip

먹다 남은 카레가 있을 때
응용하기 좋은 레시피에요.
또는 미리 만들어둔
냉동 카레팩(p.150 참조)
1봉지를 해동시켜서
만들 수 있어요.

Recipe

1   우동 면은 팔팔 끓는 물에 넣어 완전히 익힌 뒤, 체에
       받쳐 물기를 제거합니다.

2   카레에 우유를 넣고 약불에 데워주세요.

3   카레가 뜨겁게 데워지면 토마토소스를 추가해 약불
       에 데워주세요. 익힌 우동 면에 카레 소스를 얹고 고
       춧가루를 뿌려 즐겨요.

09

알리오올리오

파스타 면 한 줌. 마늘 5알. 올리브유 2큰술. 면수 1국자.
소금 1/4t. 파르메산 치즈가루 2T. 페페론치노 약간

파스타 면은 팔팔 끓는 물에
소금 1t. 올리브유 1t를 넣고
삶아주시면 돼요.
면에 따라 익히는 시간이
다르니 포장지 뒷면에 적혀있는
시간대로 조절하면 되고요.
이때 면 삶은 물을
면수라고 하는데. 요리에 따라
면수를 사용하는 경우가 있으니
레시피를 꼭 확인하세요.
삶은 면은 체에 밭쳐
물기를 제거해줍니다.

1   마늘은 편으로 썰고 페페론치노는 반으로 잘라주세요.

2   파스타 면을 삶아주세요.

3   달군 팬에 올리브유를 두르고 마늘과 페페론치노를 넣
어 중불에 볶아줍니다.

4   마늘 향이 올라오면 파스타 면과 면수 1국자를 넣고
볶아주세요. 면수가 어느 정도 날아가면 소금을 넣고
간을 맞춘 뒤. 불을 끄고 파르메산 치즈가루를 넣어
마무리해주세요.

10

명란 오일 파스타

Ingredient

파스타 면 한 줌, 양파 1/3개, 마늘 4알, 명란 반쪽,
마요네즈 1T, 소금·후추 약간씩, 김 1장

Tip

파스타 면 삶는 법은
235쪽 팁을 참고하세요.

Recipe

1 양파는 채 썰고 마늘은 편으로 얇게 썰어줍니다. 김
   은 얇게 채 썰어주세요.

2 명란은 속만 분리한 후 마요네즈를 섞고, 파스타 면
   을 삶아주세요.

3 달군 팬에 올리브유를 두른 후 마늘과 양파를 중불
   에 볶아주세요.

4 마늘 향이 올라오면 삶아둔 파스타 면을 넣고 소금
   과 후추를 약간 넣고 볶아주세요.

5 곧바로 버무려둔 명란을 넣고 휘리릭 섞은 후 불을
   꺼주세요. 잘라둔 김을 올리면 완성.

11

불고기 크림 파스타

파스타 면 한 줌, 양파 1/4개, 마늘 3알, 생크림 1/2컵, 우유 1/2컵,
파르메산 치즈가루 2T, 소금 1/4t, 양송이버섯 2개

+ 불고기 : 불고기용 소고기 200g, 양파 1/4개, 대파 1/6대

+ 밑간 : 양파 1/4개, 진간장 2T, 소금 2꼬집, 다진 마늘 1/2T,
설탕 1/2T, 맛술 1/2T, 콜라 1/5컵, 후추 약간

Tip

파스타 면 삶는 법은
235쪽 팁을 참고하세요.
미리 만들어둔
냉동 불고기팩(p.149 참고)이
있으면 양파와 대파를
썰어 넣어 함께
볶아주기만 하면 돼요.

Recipe

1 밑간용 양파는 갈아서 나머지 재료와 섞고 소고기를
재워둡니다. 불고기에 들어갈 양파와 대파는 썰어서
준비합니다.

2 파스타에 들어갈 양파는 채 썰고, 마늘과 버섯은 편
으로 썹니다.

3 달군 팬에 식용유를 두르고 강불에 불고기용 양파와
대파를 볶다가 향이 오르면 소고기를 볶아요.

4 파스타 면은 삶아 둡니다. 달군 팬에 식용유를 두
르고 마늘을 볶다가 향이 오르면 양파와 버섯을 넣
어 볶아주세요.

5 우유, 생크림, 파르메산 치즈가루, 소금을 넣고 약불에
끓여줍니다.

6 소스 가장자리가 끓어오를 때 파스타 면과 불고기를
넣고 볶아주면 완성이에요.

12

삼겹살 고추장 로제 파스타

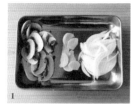  

파스타 면 한 줌, 삼겹살 1줄, 토마토소스 3/4컵, 생크림 1/4컵,
양파 1/4개, 마늘 2알, 소금 3꼬집, 고추장 1/2T,
후추 약간, 양송이버섯 2개

Tip

파스타 면 삶는 법은
235쪽 팁을 참고하세요.

Recipe

1   양송이버섯과 마늘은 편으로 썰고, 양파는 채 썰어
준비합니다.

2   삼겹살은 적당히 등분한 뒤 소금과 후추를 뿌려서
밑간을 하고, 파스타 면은 삶아 둡니다.

3   달군 팬에 식용유를 살짝 두르고 마늘, 양파, 버섯을
중불에 볶아주세요.

4   양파가 투명해지면 토마토소스를 넣고 끓여줍니다.

5   토마토소스가 따뜻하게 데워지면 생크림과 고추장
을 넣고 약불에 끓인 뒤, 삶아둔 파스타 면을 넣고 휘
리릭 섞어주세요.

6   삼겹살을 구워요. 한입 크기로 먹게 잘라 등분한
다음 완성된 파스타에 얹어 함께 즐겨요.

13

잔치국수

Ingredient

소면 한 줌, 다시 육수 1.5컵, 양파 1/4개, 달걀 1개,
호박 3cm 길이 1조각, 김 1장, 국간장 1T, 소금 약간,
당근 3cm 길이 1조각

Tip

소면 삶는 법은
219쪽 팁을 참고하세요.

Recipe

1 양파, 호박, 당근은 채 썬 뒤, 소금을 넣어 중불에 각
각 볶아줍니다.

2 달군 팬에 식용유를 두르고 달걀을 잘 풀어 약불에
얇게 부쳐주세요.

3 소면을 삶아 준비합니다. 다시 육수를 데운 뒤 간장
을 넣어 간하고 입맛에 따라 소금을 추가해요.

4 지단은 자르고 김은 잘게 부숴주세요. 돌돌 말아둔
면에 육수를 붓고 고명을 올려 즐겨요.

된장국수

Ingredient

소면 한 줌, 다시 육수 1.5컵, 차돌박이 5장, 감자 1/4개,
양파 1/4개, 된장 1.5T, 고추장 1t, 고춧가루 1t, 다진 마늘 1/2T,
표고버섯 1개, 청양고추 약간

Tip

소면 삶는 법은
219쪽 팁을 참고하세요.
자작해진 된장 육수를
뚝배기에 옮겨 담아
끓여서 내면
따뜻한 육수를
더 오래 즐길 수 있어요.

Recipe

1 청양고추는 송송 썰고 나머지 채소는 잘게 깍둑 썰어주세요. 소면은 따로 삶아 준비합니다.

2 다시 육수에 된장과 고추장을 잘 풀어 강불에 끓여주세요.

3 팔팔 끓어오르면 먼저 감자를 넣고 끓이다가 다시 한 번 끓어오르면 표고버섯과 양파를 넣고 중불로 낮춰주세요. 그 다음 고춧가루와 다진 마늘을 넣고 국물이 자작해질 때까지 끓여줍니다.

4 마지막으로 차돌박이를 넣어 익혀준 후, 청양고추를 넣고 불을 꺼주세요. 소면을 된장 육수에 찍어 먹어요.

15

장칼국수

칼국수 면 1인분, 다시 육수 2.5컵, 감자 1/3개, 애호박 1/5개,
대파 1/6대, 느타리버섯 약간, 김 2장, 된장 1T, 고추장 1t,
고춧가루 1/2T, 다진 마늘 1T, 국간장 1/2T, 소금 약간

1　애호박과 감자는 채 썰고 대파는 송송 썰어주세요.
버섯은 먹기 좋게 밑동을 잘라둡니다.

2　칼국수는 한 번 털거나 흐르는 물에 씻어 준비하세요.

3　육수에 된장, 고추장, 고춧가루, 다진 마늘, 감자를 넣
고 중불에 끓여줍니다.

4　감자가 익으면 칼국수 면을 넣어주세요.

5　면이 익으면 버섯, 호박, 대파, 국간장을 넣어 한소끔
끓여주세요. 입맛에 따라 소금으로 간하고 김을 잘게
부숴 올려 즐겨요.

쫄볶이

Ingredient

쫄면 한 줌, 달걀 1개, 떡볶이떡 1/2컵, 대파 1/5대,
어묵 2장, 다시 육수 2.5컵

+ 양념장 : 고추장 2T, 고춧가루 2T, 설탕 2T,
물엿 2T, 다진 마늘 1/2T, 진간장 1/2T

Recipe

1   대파와 어묵은 한입 크기로 먹기 좋게 썰어주세요.
     분량의 재료를 섞어 양념장을 만들고 달걀은 삶아놓
     습니다.

2   떡볶이는 흐르는 물에 씻어낸 후 체에 밭쳐 물기를
     제거해주세요.

3   쫄면은 손으로 비벼 풀어준 후 끓는 물에 30초간 끓
     였다가 건집니다. 체에 밭쳐 물기를 제거하세요.

4   물에 양념장을 풀고 떡을 먼저 넣어 강불에 끓여주
     세요. 팔팔 끓어오르면 중불을 낮추고 끓이다가 어묵
     과 대파를 넣어줍니다.

5   국물이 어느 정도 졸아들면 쫄면을 넣고 끓여주세요.
     다 익으면 삶은 달걀을 올려 즐겨요.

17

오이 냉국수

Ingredient

소면 한 줌, 오이 1/3개, 양파 1/8개, 당근 3cm 길이 1 조각
+ 국물 : 물 1/5컵, 매실액 1T, 고춧가루 1/4T, 식초 2.5T,
설탕 1/2T, 다진 마늘 1/2t, 소금 1/3t, 통깨 약간

Tip

소면 삶는 법은
219쪽 팁을 참고하세요.
매실액은 올리고당으로
대체 가능해요.

Recipe

1   소면을 삶아 돌돌 말아놓습니다.

2   오이, 당근 양파는 채 썰어주세요.

3   분량의 국물 재료를 넣고 섞어주세요.

4   여기에 준비한 채소를 넣고 소면을 넣으면 완성.
국물은 입맛에 따라 식초나 소금 등을 추가해도 좋
아요.

제 니

이 야 기

만사가 귀찮은 날엔, 만사가 귀찮다.

침대에서 나가기도 귀찮고 세수를 하기도 귀찮고 심지어 밥을 먹기도 귀찮다. 그런데 뱃속엔 밥을 달라고 외치는 난쟁이들이라도 있는지, 조금씩 하지만 착실히 배가 고파온다. 속이 쓰린 것 같기도 하고 어딘가 허한 기분이 든다. 아무래도 배가 고파온다.

하지만 나는 단호하다. 오늘은 만사가 귀찮은 날이니까. 쉽사리 타협해주지 않겠다. 뱃속 난쟁이들이 아무리 나팔을 불고 창으로 위를 콕콕 찔러대도 꿈쩍도 않겠다. 하루 정도 밥을 안 먹어도 죽지 않는단 말이다.

잠이나 더 자야지. 눈을 감고 이불을 뒤집어썼다. 이불 속은 안전하다.

그럴 줄 알았는데.

눈을 덮은 어둠이 한동안은 평화로웠다. 뭉게뭉게 무늬들. 파도 같기도 하고 구름 같기도 하고 코끼리 같기도 하고 아보카도 같기도 하고. 아보카도? 잘 익은 아보카도는 과카몰리로도 변하고 토마토 살사로도 변한다. 평화는 깨졌다. 결심은 흔들렸고 뱃속 난쟁이들은 벌어진 틈을 놓치지 않고 기세를 올렸다. 곧이어 견고했던 성은 무너지고 말았다.

그래, 만사가 귀찮아도 밥은 먹어야지.

그래도 난쟁이와의 휴전 협상에서 한 가지는 양보하지 않았다. 오늘은 간단한 요리를 하겠어. 불을 사용하지 않아도 되는 간단한 요리를.

막상 요리를 하기로 마음먹으니 한 걸음씩 부엌에 가까워질수록 힘이 솟았다. 귀찮게 생각되던 일도 시작하면 즐거울 때가 있기 마련이다. 하물며 좋아하는 요리인데, 즐겁지 않을 리가 있나.

어느 요리를 하면 좋을까. 아보카도를 듬뿍 올려 먹는 과카몰리, 싱그러운 제철 과일 올린 오픈 샌드위치, 전자레인지로 뚝딱 만들어내는 달걀찜. 귀찮다는 생각이 들기도 전에 완성할 수 있는 요리들. 만사가 귀찮을 지라도 괜찮다. 집밥의 세계엔 어렵고 복잡한 것만 있는 게 아니니까.

ps.

참치 샌드위치를 선물 받자
제니의 뱃속에서 난쟁이들이
기뻐하며 춤을 춘다.

불 없이 만드는 요리 9가지

오픈 과일 샌드위치

Ingredient 딸기, 키위, 바나나, 블루베리 등의 과일 적당량,
식빵 2장, 크림치즈 3T

Recipe 과일은 껍질을 벗겨 적당한 두께로 썰어주세요. 쿠키커터
등을 사용해 모양을 내도 좋아요. 식빵에 크림치즈를 바
르고 과일을 올려준 후 가장자리를 자르고 4등분 해줍니
다. 구하기 쉬운 제철 과일을 구해 나만의 샌드위치를 만
들어보세요.

토마토 살사

Ingredient   토마토 1개, 양파 1/4개, 소금 3꼬집, 올리브유 1T,
레몬즙 1/2T, 후추·핫소스 약간씩, **파프리카 1/4개**

Recipe   토마토는 속을 파내고 단단한 겉 부분만 사용해요. 양파,
토마토, 파프리카는 잘게 썰어주세요. 양파는 물에 담가두
어 매운 맛을 제거해두면 좋아요. 볼에 손질한 채소와 나
머지 재료를 모두 넣고 섞으면 완성. 나초와 함께 즐겨요.

과카몰리

Ingredient 아보카도 2개, 토마토 1/2개, 작은 양파 1/2개,
레몬즙 1/2t, 소금·후추·올리브유 약간

Recipe 양파는 잘게 다진 후 차가운 물에 담가 매운 맛을 제거하
고, 토마토는 속을 파낸 뒤 단단한 부분만 잘게 썰어줍니
다. 아보카도는 반으로 잘라 씨를 제거한 후, 과육만 으깨
주세요. 손질한 채소와 나머지 재료들을 볼에 넣고 잘 섞
어주면 완성. 빵과 함께 즐겨요.

전자레인지 달걀찜

Ingredient 달걀 2개, 물 3/5컵(120ml), 소금 1/4t, 대파 약간

Recipe 달걀에 소금을 넣어 잘 풀어주고, 대파는 잘게 다집니다.
달걀물에 물과 다진 파를 넣어 잘 섞어주세요. 그릇에 랩
을 씌운 후 구멍을 뚫고 전자레인지에 4분간 돌리면 완
성입니다.

크래미 유부초밥

Ingredient 밥 2공기, 시판 유부 14개, 크래미 1팩, 양파 1/4개,
슬라이스 피클 5개

Sauce 마요네즈 3T, 머스터드 1/2T, 후추 약간

Recipe 양파와 피클은 다져주세요. 양파는 물에 잠시 담가 매운
맛을 빼주고, 크래미는 얇게 찢어서 준비합니다. 크래미
에 피클, 양파, 소스 재료를 넣고 섞어줍니다. 밥에 유부
초밥 소스(시판 유부 제품에 들어있는 소스)를 넣고 섞어주세
요. 적당하게 물기를 짠 유부에 밥을 절반 채우고, 버무려
둔 크래미를 가득 담아주면 완성이에요.

연어 부르스케타

Ingredient   연어 손바닥 크기 1덩이, 바게트빵 3쪽,
                올리브 3알, 마늘 1알

Sauce   크림치즈 3T, 꿀 1T, 레몬즙 1/2T

Recipe   연어는 슬라이스해서 준비합니다. 분량의 재료를 섞어 소
                스를 만들어주세요. 바게트빵 위에 마늘을 슥슥 문질러주
                세요. 빵에 준비한 소스를 바른 후, 연어와 올리브를 올리
                면 완성! 파슬리 가루나 로즈마리 잎을 살짝 얹어주면 더
                욱 예뻐요.

연어 베이글 샌드위치

Ingredient 베이글 1개, 연어 손바닥 크기 1덩이, 크림치즈 2T,

레몬즙 1t, 설탕 1t, **양파 1/4개**

Recipe 연어는 슬라이스하고, 양파는 채 썰어 물에 담가둡니다.

베이글은 반으로 잘라 전자레인지에 살짝 데워주세요. 크

림치즈도 전자레인지에 10초간 돌려 부드럽게 풀어주고

설탕과 레몬즙을 넣어 섞어주세요. 베이글에 크림치즈를

듬뿍 바르고 연어와 물기를 뺀 양파를 올립니다. 남은 한

쪽을 덮고 즐겨요.

참치 샌드위치

Ingredient 작은 통조림 참치 1캔, 식빵 2장, 양파 1/5개,
마요네즈 3T, 설탕 1/2T, 머스터드 1/2T, 후추 약간,
피클 1조각, 통조림 옥수수 2T

Recipe 옥수수는 물기를 빼고, 참치는 기름을 빼서 준비합니다.
피클은 잘게 썰고, 양파도 잘게 썰어둔 후 차가운 물에
넣어 매운 맛을 제거해요. 모든 재료를 넣고 버무려 식빵
에 듬뿍 올려준 후 남은 식빵을 덮어주세요.

식빵 피자

Ingredient 식빵 2장, 토마토소스 4T, 모차렐라치즈 약간, 다진 햄 1T,
통조림 옥수수 1T, 다진 양파 1T,
방울토마토 2개, 올리브 4개

Recipe 빵을 제외한 모든 재료들은 잘게 잘라 준비해주세요. 식
빵에 토마토소스를 발라줍니다. 잘게 썬 재료를 그 위에
올리고 전자레인지에 치즈가 녹을 때까지 돌려주세요.

Chapter 5.

나만을 위한

상찬

제 니

이 야 기

그런 날이 있다. 모든 걸 뒤로 한채 깊은 숲 속 나 혼자
만 아는 비밀구덩이 속으로 숨어버리고 싶은 날이.

   일주일을 꼬박 들여 준비했던 기획이 무산된다. 사
소한 격려라도 받고 싶었지만 차가운 질타만이 돌아온
다. 바늘로 찌르는 듯한 고통이 아랫배에서 시작되어 온
몸을 뒤덮는다. 집에선 수북한 빨래더미가 나를 맞이한
다. 힘든 일을 만드는 공장에선 때로 밀렸던 일을 몰아
서 하는 모양이다.

   해야 할 일이 쌓여있지만 어깨를 짓누르는 무게가
견디기 힘들어 도망치고 싶다. 무책임한다고 욕해도 어

쩔 수 없다. 내가 이 세상을 살아가는 이유가 남에게 인정받기 위해서는 아니잖아? 때론 아무도 보지 못하는 곳에서 펑펑 울고 싶다.

냉장고에서 등심을 꺼내 두툼하게 썰고, 파프리카와 양파도 적당하게 잘랐다. 무쇠 칼이 나무 도마에 쿵쿵 닿는 소리가 마음을 달래준다. 쿵쿵쿵. 단단하게 굳어버린 내면의 벽을 두들기는 기분이다. 절대 허물어지지 않을 것 같았던 벽도 조금씩 흔들리기 시작한다.

묵직한 주물팬에 채소와 고기를 넣고 볶아준다. 치이익. 달궈진 쇠에 재료가 닿으며 소리가 삭막한 사막에 내리는 소나기 같은 소리를 낸다. 만들어둔 소스를 끼얹고 버터도 넣어준다.

팬에선 여전히 좋은 소리가 난다. 메말랐던 마음도 차츰 촉촉해진다.

완성된 요리를 하얀 접시에 올리니 맛스러운 찹스테이크가 눈앞에 있다. 알맞게 식은 캔맥주를 투명한 유리잔에 따라 단숨에 마신다. 입에 남은 맥주 맛이 가시기 전에 잘 익은 고기와 파프리카를 집어 먹는다. 아아, 결국 견고했던 벽이 무너진다. 입가에 떠오르는 옅은 미소 한 자락.

힘들디 힘든 날, 나만을 위한 상찬은 나 혼자만이

아는 깊은 숲 속 비밀구덩이와 같다. 지친 나를 위로해
주고 달래주는 나만을 위한 장소로.

01

카레 등갈비찜

Ingredient

등갈비 6쪽, 물 2컵, 방울토마토 10개, 양파 1/2개,
카레가루 2.5T, 고춧가루 1t, 다진 마늘 1t, 커민가루 1/4t

Recipe

1   팔팔 끓는 물에 등갈비를 넣고 다시 한 번 끓어오르면
     건져냅니다. 흐르는 물에 씻은 뒤 물기를 빼주세요.

2   양파는 잘게 썰고 방울토마토는 반으로 썰어주세요.

3   달군 냄비에 식용유를 살짝 두르고 강불에 다진 마
     늘과 양파를 볶아주세요.

4   향이 오르면 약불로 낮춘 후 카레가루와 방울토마토
     를 넣고 살짝만 볶아줍니다.

5   등갈비와 커민가루를 넣고 섞어내듯 볶아주세요.

6   양념이 잘 섞이면 물을 붓고 강불에서 끓여주세요.
     끓어오르면 중불로 낮추고 걸쭉해질 때까지 뚜껑
     을 닫고 졸여줍니다.

02

수육과 겉절이

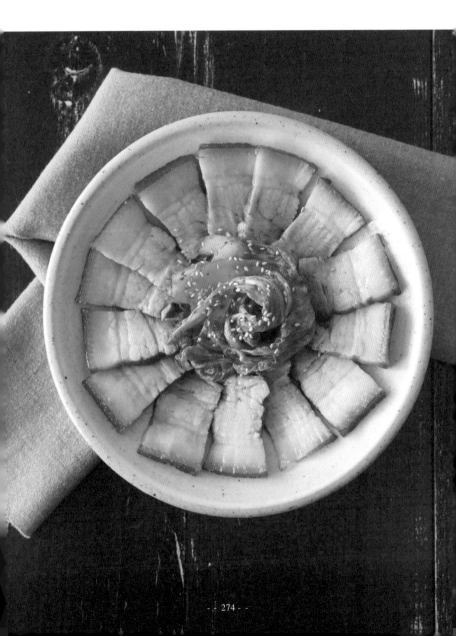

Ingredient

+ 수육 : 수육용 고기 한 덩이(250g), 물 4컵, 소주 1/3컵, 된장 1T, 마늘 5알, 월계수잎 1장, 커피 1T, 통후추 약간
+ 겉절이 : 배추 1/2포기, 물 2컵, 소금 1/2컵
+ 겉절이 양념장 : 고춧가루 5T, 까나리액젓 3T, 설탕 2T, 매실청 2T, 다진 마늘 1T, 통깨 1T

Tip

젓가락으로 찔렀을 때
핏물이 나오지 않으면
다 삶아진 거예요.

Recipe

1 물에 된장, 커피, 마늘, 통후추, 월계수잎을 넣고 끓여 주세요. 끓어오르면 고기와 소주를 넣어주세요.

2 뚜껑을 닫고 강불에 10분, 중불에 10분, 약불에 10분 간 익혀주세요. 다 익은 수육은 먹기 좋게 한입 크기 로 썰어둡니다.

3 분량의 재료를 섞어 겉절이 양념장을 만들어주세요.

4 겉절이용 배추는 가닥가닥 잎을 떼어 씻어낸 후, 소 금물에 담가 30분 이상 절여줍니다.

5 절인 배추는 소금물만 따라 버리고 한입 크기로 찢 어둔 후, 양념장을 넣어 골고루 버무립니다. 먹기 좋 게 썰어둔 수육과 함께 즐겨요.

03

묵은지 삼겹말이

Ingredient

묵은지 1/8포기, 삼겹살 3줄, 양파 1/4개, 대파 1/5개, 물 1컵
+ 양념장 : 고춧가루 1T, 국간장 1/2T, 설탕 1/2T, 된장 1/2T,
다진 마늘 1/2T, 소금 약간

Recipe

1   양파는 채 썰고 대파는 송송 썰어줍니다.

2   묵은지는 양념을 털어내고, 삼겹살은 반으로 썰어둡
    니다. 묵은지 위에 삼겹살을 올려 돌돌 말아주세요.

3   분량의 재료를 섞어 양념장을 만들어주세요.

4   냄비에 말아둔 김치와 양파, 대파, 양념장 그리고 물
    을 넣어줍니다.

5   뚜껑을 닫고 강불에서 끓이다가 끓어오르면 중불을
    낮춰 국물이 자작해질 때까지, 30분 이상 끓여줍니다.

등심 스테이크와 파인애플 살사

Ingredient

돼지고기 등심 2조각, 통조림 파인애플 2조각,
파프리카 노랑·빨강 1/4개씩, 양파 1/4개
+ 밑간 : 소금 1/2t, 후추 약간
+ 살사 소스 : 소금 3꼬집, 올리브유 1T, 레몬즙 1/2T,
후추·핫소스 약간

Tip

고기를 굽기 전에는
팬을 미리 달궈주세요.
육즙이 빠져나가지 않도록
먼저 강불로 앞면과 뒷면을
굽고, 겉면이 익으면
중불로 낮춰 속까지
완전하게 익혀줍니다.
고기가 두껍다면 옆면도
세워서 익혀주세요.
익은 고기는 잠시
도마에 빼두는데
이걸 '레스팅'이라고 불러요.
레스팅을 하면 육즙이
골고루 퍼지고
풍미도 좋아져요.

Recipe

1   파인애플, 파프리카, 양파는 깍뚝 썰어주세요.

2   등심은 밑간 재료를 뿌려 15분간 재워둡니다.

3   파인애플, 파프리카, 양파와 분량의 살사 소스 재료
     를 섞어둡니다.

4   달군 팬에 식용유를 살짝 두르고 등심을 완전히 익
     혀주세요. 익은 등심은 도마에 잠시 빼둡니다.

5   파인애플 살사는 등심을 익혔던 팬에 올려 잔열로
     살짝 데워준 후 고기에 얹어 즐겨요.

찹스테이크

소고기 안심 1덩이, 빨강·노랑·초록 파프리카 1/4개씩, 양파 1/4개
+ 밑간 : 소금 2꼬집, 후추 약간
+ 소스 : 스테이크소스 2T, 굴소스 1T, 케첩 1T, 물엿 1T,
진간장 1/2T, 다진 마늘 1/2T, 발사믹식초 1T, 버터 1T

Recipe

1   고기는 한입 크기로 썰고 밑간 재료를 뿌려둡니다.

2   양파와 파프리카는 고기와 비슷한 크기로 썰어주세요.

3   분량의 재료를 섞어 소스를 만들어주세요.

4   달군 팬에 버터를 녹이고 고기를 취향껏 익힌 다음
       따로 빼둡니다.

5   같은 팬에 채소를 넣고 중불에 볶다가 양파가 익으
       면, 준비한 고기와 소스를 넣고 강불에서 빠르게 볶
       아냅니다.

06

밀푀유 나베

샤브샤브용 소고기 300g, 다시 육수 2.5컵, 알배추 9장,
깻잎 18장, 느타리버섯 한 줌, 표고버섯 1개, 청경채 약간

다시 육수 만드는 법은
104쪽 팁을 참고하세요.
배추와 고기는
와사비를 푼 간장에
찍어 먹으면 더 맛있어요.

1 알배추와 청경채는 밑동을 자르고, 깻잎은 꼭지 부분
을 잘라 준비합니다.

2 샤브샤브용 고기는 키친타월에 올려 눌러서 핏물을
닦아줍니다.

3 배추에 깻잎 3장, 고기 1장을 올리고 한 번 더 반복해
주세요.

4 그 위를 배춧잎으로 덮어준 후 3등분합니다.

5 냄비에 청경채를 깔아주세요.

6 잘라놓은 배추쌈을 예쁘게 담고 그 위에 버섯을 올
려주세요. 육수를 부어 끓인 후, 맛있게 즐겨요.

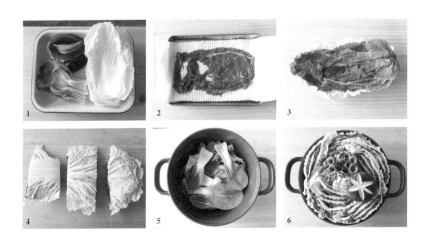

07

닭꼬치

닭안심 200g, 대파 1/2대

+ 밑간 : 맛술 1T, 소금 3꼬집, 후추 약간

+ 소스 : 고추장 1T, 물엿 1T, 케첩 2T, 설탕 1T, 물 1T,

맛술 1T, 진간장 1/2T, 다진 마늘 1/2T

Recipe

1   닭안심에 밑간 재료를 뿌려 10분간 재웁니다.

2   분량의 재료를 섞어 소스를 만들어주세요.

3   대파는 먹기 좋게 한입 크기로 썰어줍니다.

4   재워둔 닭안심을 노릇하게 구워주세요.

5   꼬치에 닭안심과 대파를 끼워줍니다.

6   달군 팬에 식용유를 살짝 두르고 닭꼬치에 양념을 여러 번 발라가며 약불에 구워주세요.

08

샥슈카

Ingredient

달걀 2개, 바게트 적당량, 베이컨 1줄, 토마토소스 2/3컵,
우유 1/2컵, 마늘 3알, 청양고추 1개, 양파 1/4개,
파르메산 치즈가루 1T, 표고버섯 1개, 페페론치노 2개

Tip

샥슈카는 구운 바게트와
함께 먹어야 맛있어요.
빵에 발라 먹거나,
빵 위에 달걀을 올려 즐겨요.

Recipe

1 버섯과 마늘, 베이컨은 도톰하게 썰고, 양파는 채 썰며, 청양고추는 송송 썰고, 페페론치노는 반으로 잘라주세요.

2 달군 팬에 식용유를 두르고 마늘, 페페론치노, 청양고추를 중불에 볶아주세요.

3 마늘 향이 올라오면 버섯, 베이컨, 양파를 넣고 볶아줍니다.

4 양파가 투명해지면 토마토소스와 파르메산 치즈가루, 우유를 넣고 약불에 끓여주세요.

5 가장자리가 끓어오르면 달걀을 깨뜨려 넣고 호일로 덮은 다음, 약불에 달걀을 익혀주면 완성이에요.

6 바게트는 바삭하게 구워서 함께 즐겨요.

09

토마토 해물 떡볶이

모둠 해물 1팩, 떡볶이떡 1컵, 토마토소스 1컵, 물 1컵,
다진 마늘 1/2T, 대파 1/5대, 고추장 1T, 고춧가루 1T,
소금 약간, 월계수잎 1장

냉동 해물팩(p.145 참조)을
미리 만들어뒀다면,
해물팩 1봉지를 흐르는 물에
씻어준 후 체에 밭쳐
물기를 제거하고
사용하시면 돼요.
해산물은 오래 볶거나 하면
질겨지기 때문에
강불에 먼저 재빨리 볶은 뒤
나중에 합쳐주는 게 좋아요.

1   모둠 해물은 재료에 따라 알맞게 손질해서 한입 크
기로 잘라 준비합니다.

2   떡은 흐르는 물에 한 번 씻어낸 후 물기를 빼주세요.
대파는 큼직하게 썰어둡니다.

3   달군 팬에 식용유를 살짝 두르고 중불에 마늘을 볶
다가 해산물을 넣어 강불로 볶은 뒤 따로 빼주세요.

4   해산물을 빼내고 같은 팬에 물, 토마토소스, 고추장,
고춧가루, 월계수잎을 넣어 중불에 끓여주세요.

5   소스 가장자리가 끓어오르면 떡볶이와 대파를 넣고
끓여주세요.

6   소스가 어느 정도 걸쭉해지면 해산물을 넣고 약불에
끓여주면 완성이에요.

10

야끼 카레

Ingredient

밥 1공기, 카레 200g, 달걀 1개, 우유 1/5컵(50ml),
모차렐라치즈 약간

Tip

먹다 남은 카레가 있을 때
응용하기 좋은 레시피에요.
또는 미리 만들어둔
냉동 카레팩(p.150 참고)
1봉지를 해동시켜서
만들 수 있어요

Recipe

1   카레에 우유를 넣고 섞은 후 데워주세요.

2   그릇에 밥을 담고 달걀이 들어갈 자리를 만든 후 달
     걀을 올려줍니다.

3   그 위에 카레를 올려주세요.

4   모차렐라치즈를 올리고 전자레인지나 오븐 등에 치즈
     가 녹을 때까지 돌려줍니다.

11

닭가슴살 또르띠야롤

Ingredient

닭가슴살 한 덩이(150g), 또르띠야 2장, 양상추 2장,
빨강·노랑·파프리카 1/4개씩, 소금 2꼬집, 후추 약간
┼ 소스 : 플레인요거트 2T, 마요네즈 1.5T, 레몬즙 1t,
올리고당 1t, 파슬리가루 1t

Recipe

1   닭가슴살에 소금과 후추를 뿌려 재워주세요. 분량의
    재료를 섞어 소스를 만들어줍니다.

2   달군 팬에 식용유를 두르고 강불에 닭가슴살을 완전
    히 구워준 후, 먹기 좋은 크기로 잘라줍니다.

3   파프리카는 채 썰고, 양상추는 적당한 크기로 찢어주
    세요.

4   또르띠야를 전자레인지에 10초간 돌려 데워서 소스
    를 바르고, 재료를 모두 넣어 돌돌 말아주세요.

5   랩으로 싸 모양을 잡아준 후, 반으로 잘라 즐겨요.

12

치킨 파히타

Ingredient

닭안심 200g, 또르띠야 적당량,
빨강·노랑 파프리카 1/4개, 양파 1/4개
+ 밑간 : 고춧가루 1/2t, 다진 마늘 1/2t, 레몬즙 1/2t,
올리브유 1/2t, 소금·후추 약간씩
+ 소스 : 플레인 요거트 2T, 마요네즈 1.5T, 레몬즙 1t,
올리고당 1t, 파슬리가루 1t

Recipe

1   닭안심에 밑간을 해주세요.

2   파프리카와 양파는 채 썰어 준비하고 분량의 재료를
     섞어 소스를 만들어줍니다.

3   달군 팬에 식용유를 살짝 두르고 강불에 닭안심을
     노릇하게 구워주세요.

4   닭안심은 따로 빼두고, 같은 팬에 바로 양파를 넣고
     중불에 볶아주세요.

5   양파가 노릇하게 익으면 파프리카를 넣고 볶아주세요.

6   또르띠야는 취향껏 구워 준비합니다. 고기와 채소
     볶음을 또르띠야에 싸서 소스에 찍어 먹어요.

13

명란 감바스

새우 6마리, 명란 한 쪽, 마늘 5알, 올리브유 1/3컵, 소금 2꼬집,
레몬 1/2개, 월계수잎 1장, 로즈마리 가루 약간

+ 밑간 : 소금 3꼬집, 후추 약간

감바스는 바게트와 같은
딱딱한 빵과 잘 어울려요.
빵을 구워서 함께 즐겨요.

1   새우를 밑간합니다.

2   마늘은 두툼하게 편으로 썰고, 레몬도 준비합니다. 명
    란은 그대로 사용합니다.

3   약불에 올리브유를 따뜻하게 데운 후, 마늘, 레몬, 월
    계수잎, 로즈마리를 넣어주세요.

4   마늘 향이 솔솔 올라오면 새우와 명란을 넣고 익혀
    줍니다.

14

불고기 퀘사디아

Ingredient

또르띠야 1장, 모차렐라치즈 2/3컵

＋불고기 : 불고기용 소고기 200g, 양파 1/4개, 대파 1/6대

＋밑간 : 양파 1/4개, 진간장 2T, 소금 2꼬집, 다진 마늘 1/2T,
설탕 1/2T, 맛술 1/2T, 콜라 1/5컵, 후추 약간

＋소스 : 플레인 요거트 2T, 마요네즈 1.5T, 레몬즙 1t,
올리고당 1t, 파슬리가루 1t

Tip

냉동 불고기팩(p.149 참고)을
이용할 경우
따로 밑간할 필요 없이
팩 하나 분량을 해동시켜서
사용해요.

Recipe

1 밑간용 양파는 갈아서 준비합니다. 소고기는 밑간 재
료를 넣어 재워둡니다.

2 불고기에 들어갈 양파는 채 썰고 대파는 송송 썰어
주세요. 분량의 재료를 섞어 소스를 만들어요.

3 달군 팬에 식용유를 살짝 두르고 양파와 대파를 볶
아줍니다.

4 향이 오르면 불고기를 넣고 강불에 볶아요.

5 다른 팬에 또르띠야를 놓고 약불로 켜주세요. 볶아놓
은 불고기와 모차렐라치즈를 올려주세요.

6 반으로 접은 후 치즈가 완전히 녹을 때까지 구워주
세요. 먹기 좋은 크기로 잘라 소스와 즐겨요.

15

부추잡채

Ingredient

잡채용 소고기 250g, 부추 한 줌, 양파 1/4개,
대파 1/5대, 꽃빵 적당량, 굴소스 1T,
표고버섯 1개, 빨강·노랑 파프리카 1/4 개씩
+ 밑간 : 감자전분 1/2T, 진간장 1T, 맛술 1T,
다진 마늘 1/2T, 후추 약간

Tip

고기에 감자전분을 버무리면
볶을 때 육즙과 수분이
빠져나오지 않아요.
꽃빵은 마트에서 파는
시판제품을 이용했어요.

Recipe

1 고기에 분량의 밑간 재료를 넣어 버무려줍니다.

2 부추는 한입 크기로 등분해 썰고, 파프리카, 양파, 대
파, 버섯은 채 썰어주세요.

3 달군 팬에 식용유를 살짝 두르고 강불에 소고기를
볶아줍니다.

4 소고기 겉면이 익으면 부추를 제외한 채소를 모두
넣고 중불에 볶아주세요.

5 채소가 어느 정도 익으면 부추와 굴소스를 넣고 한
번 더 볶아냅니다. 꽃빵은 전자레인지에 돌려서 함께
먹어요.

16

닭가슴살 샐러드

Ingredient

닭가슴살 2덩이(300g), 달걀 2개, 방울토마토 5개, 양상추 7장,
사과 1/4쪽, 노랑·빨강 파프리카 1/4개씩

+ 밑간 : 소금 4꼬집, 후추 약간

+ 소스 : 플레인 요거트 4T, 마요네즈 3T, 레몬즙 2t,
올리고당 2t, 파슬리가루 2t

Recipe

1   닭가슴살에 밑간 재료를 뿌려 재워주세요.

2   양상추는 먹기 좋은 크기로 적당히 찢어놓고, 방울토
     마토는 반으로 갈라주세요. 파프리카는 채 썰고 사과
     는 얇게 슬라이스하여 깍뚝 썰어요. 달걀은 삶아서
     슬라이스해주세요.

3   분량의 재료를 섞어 소스를 만들어주세요.

4   달군 팬에 식용유를 두르고 강불에 닭가슴살을 완전
     히 익힌 뒤 먹기 좋은 크기로 썰어줍니다.

5   닭가슴살, 달걀, 채소에 소스를 부어 살살 섞어주세요.

17

나초 샐러드

Ingredient

소고기 간 것 200g, 나초칩 적당량, 모차렐라치즈 1/2컵,
토마토소스 2/3컵, 양파 1/4개, 토마토 1/2개,
올리브 약간, 파프리카 1/4개
+ 밑간 : 소금 5꼬집, 다진 마늘 1/2T, 후추 약간

Recipe

1   소고기에 밑간 재료를 넣고 버무려주세요. 달군 팬에
식용유를 두르고 강불에 고기를 볶아줍니다.

2   고기가 익으면 토마토소스를 넣고 중불에 볶은 뒤 따
로 둡니다.

3   토마토, 파프리카, 올리브, 양파를 잘게 썰고, 양파는
차가운 물에 담가 매운 맛을 제거해요.

4   나초칩 위에 볶아둔 고기를 골고루 올려주세요.

5   모차렐라치즈를 올려 전자레인지나 오븐 등에 치즈
가 녹을 때까지 돌려줍니다. 치즈가 녹으면 준비해둔
채소를 올려 즐겨요.

18

캘리포니아 스시볼

밥 1공기, 크래미 3개, 아보카도 1/2개,

오이 5cm 길이 1조각, 당근 5cm 길이 1조각

+ 밥 배합초 : 식초 2.5T, 설탕 1T, 소금 1/3t

+ 채소 소스 : 식초 1.5T, 설탕 1/4T, 양조간장 1/4T

+ 소스 : 마요네즈 3T, 핫소스 1/4t

Tip

배합초는
식초와 설탕과 소금을
약간 넣어 만든 물이에요.
초밥을 만들 때 사용해요.

Recipe

1 밥 배합초와 채소 소스를 만들어주세요.

2 당근과 오이는 최대한 얇게 썰고 크래미는 두툼하게
썰어줍니다.

3 크래미, 오이, 당근에 채소 소스를 넣어 버무려주세요.

4 아보카도는 반으로 자른 후 씨를 빼내고, 깍둑 썰어
주세요.

5 밥에 배합초를 넣고 가르듯 섞어줍니다.

6 분량의 재료를 섞어 소스를 만들고 짤주머니나 비닐
팩 등에 넣어주세요. 밥 위에 모든 재료를 올리고 소
스를 뿌려 즐겨요

19

돈가스 샌드위치

냉동 돈가스 2장, 식빵 4장, 양배추 약간,
돈가스 소스·마요네즈 소스 약간씩

Recipe

1   냉동 돈가스는 달군 기름에 노릇하게 튀긴 후, 키친
    타월에 올려 기름기를 빼줍니다.

2   양배추는 얇게 채 썰고 마요네즈 1T을 넣어 버무려
    줍니다.

3   식빵은 테두리를 자릅니다. 한 면에는 돈가스 소스
    를, 다른 한 면에는 마요네즈를 발라주세요.

4   빵 위에 돈가스와 양배추를 올리고 돈가스 소스를
    한 번 더 얹어줍니다.

5   빵을 포개고 랩으로 단단하게 싸서 모양을 잡아준
    후 반으로 잘라 즐겨요.

20

누룽지 백숙

Ingredient

작은 닭 1마리, 물 6.5컵, 찹쌀 누룽지 1장(60g),
마늘 6알, 대파 1/2대, 대추 4알

Tip

찹쌀 누룽지는
마트에서 판매하는 제품을
이용했는데요.
집에서 누룽지를 만들어서
활용하셔도 돼요.

Recipe

1 닭은 날개의 뾰족한 부분, 엉덩이의 지방, 불필요한
지방들을 제거한 후 흐르는 물에 씻어냅니다. 깔끔
한 국물을 즐기려면 기름기 있는 껍질을 벗겨내요.

2 대파는 적당한 크기로 썰고, 대추와 마늘은 통으로 준
비해주세요.

3 냄비에 닭, 대파, 마늘, 대추, 물을 넣고 강불에서 뚜
껑을 닫고 20분간 끓여줍니다.

4 중불로 낮춰 30분간 끓이고, 약불로 낮춰 10분간 더
끓여줍니다.

5 찹쌀 누룽지를 올려 뚜껑을 닫고 5분간 끓이면 완성.
취향에 따라 더 끓여 즐겨도 좋아요.

그 래 서 ,

집 밥

따르르릉.

알람이 울리고 눈을 뜬다. 헝클어진 머리에, 눈도 부어 잘 떠지지 않는다. 언제나처럼 찾아온 아침. 일어나기 싫은 건 여전하지만 예전과는 다르다.

기지개를 쭈욱 펴고,

"후아, 시원하다."

부엌으로 향한다.

출근시간까지는 아직 충분하다. 알람시간을 앞당겨 두었으니까.

어젯밤 미리 썰어둔 연어와 물에 담가둔 양파를 꺼내 도마에 올리고 베이글을 반으로 자른다. 크림치즈를 전자레인지에 넣어 살짝 데운다. 레몬즙과 설탕을 뿌려 섞자 달달한 냄새가 코끝을 자극한다. 베이글에 크림치즈를 듬뿍 얹고 그 위에 연어와 양파를 올리고 덮어주면, 연어 베이글 샌드위치 완성!

한입씩 베어 물다 보니 어느새 사라졌다. 일어나기 싫었던 마음도 함께 사라졌고.

집으로 돌아오는 길엔 마트에 들러 버섯이랑 대파를 샀다. 언제나처럼 집엔 아무도 없지만, 할 일은 있다. 미리 만들어둔 냉동 불고기팩과 다시팩을 활용해 뚝배기 불고기를 만든다. 요리를 할 때 가장 기분 좋은 건 부엌에 퍼지는 훈훈한 냄새를 맡는 순간이다. 요리를 하고 있다는 실감이 든다고나 할까. 전혀 상관없는 재료들이 어우러져 멋진 요리로 탄생하는 모습도 좋다.

뚝배기 불고기 한 그릇을 싹 비우고, 설거지까지 마치고 컴퓨터 앞에 앉는다. 요리하는 틈틈이 찍어둔 사진을 컴퓨터로 옮겨 하나하나 살핀다. 회사에서 전문가가 찍은 사진과는 구도나 색감이 달라도 내 눈엔 더욱 맛있어 보이는 걸. 정성스레 편집하고 옆에 만드는 과정을 기록한다.

언젠가 누군가에게 도움이 되기를, 바라며.

집밥을 만들어 먹는 일이 내 문제를 모두 해결해주지는 않았다. 여전히 과중한 업무는 때로 나를 지치게 하고 가끔 원인 모를 편두통이 찾아오기도 하고 칠칠치 못하게 행동해 실수를 자아내기도 한다. 하지만 요리를 하기 전의 나와 지금의 나는 분명히 다르다. 집밥이 준 온기가 내 마음에 남아있다. 힘들고 지칠 때는 물론이고 기쁘고 행복할 때도 그 온기는 내 삶을 보다 윤택하게 해준다. 그 따스함을 간직하고 있다는 사실만으로도 나는 구원받았다, 고 말할 수 있지 않으려나.

삶엔 좋은 일도 나쁜 일도 있다. 내 마음대로 흘러가

지만은 않는 이 세상 속에서 집밥이라는 일종의 위로가 있다니 아직 살만하지 않은가. 나는 종종 그 위로를 필요로 한다. 값비싼 레스토랑도, 유명한 맛집도 주지 못하는 그 위로를.

그래서, 집밥이 좋다.

ps.

퇴근길 베이커리 앞에서
생크림이 듬뿍 올라간 케이크를
넋을 잃고 바라보는 제니.
베이킹에도 도전해볼까나.

Index

그래도 집밥이 먹고플 때

초판 1쇄 인쇄 2018년 8월 30일
초판 1쇄 발행 2018년 9월 10일

지은이 이계정
펴낸이 신경렬

편집장 송상미
책임편집 김순란
마케팅 장현기·정우연·정혜민
디자인 박현정
경영기획 김정숙·김태희
제작 유수경

펴낸곳 ㈜더난콘텐츠그룹
출판등록 2011년 6월 2일 제2011-000158호
주소 04043 서울시 마포구 양화로 12길 16, 7층(서교동, 더난빌딩)
전화 (02)325-2525 | 팩스 (02)325-9007
이메일 book@thenanbiz.com | 홈페이지 www.thenanbiz.com

ⓒ 이계정, 2018
ISBN   978-89-8405-942-9 13590